重要用語 ①

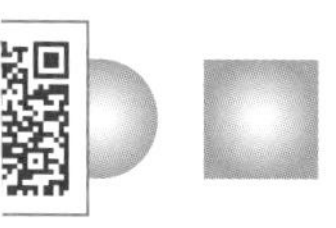

	用語	説明
□	RNA	リボ核酸。リン酸，糖（リボース），塩基からなるヌクレオチドが鎖状に結合したもの。DNA から転写されてつくられる物質で，1 本のヌクレオチド鎖からなる。
□	発　現	遺伝子をもとにタンパク質が合成されることを，遺伝子が発現するという。
□	転　写	DNA の塩基配列が RNA の塩基配列に写し取られる過程。
□	翻　訳	mRNA の塩基配列がアミノ酸配列に読みかえられる過程。
□	セントラルドグマ	遺伝情報が，DNA → RNA →タンパク質と一方向に伝達されるという考え方。
□	mRNA	転写されてできた RNA で，タンパク質のアミノ酸配列の情報をもつ。
□	コドン	mRNA の塩基配列のうち，アミノ酸 1 個に対応する，連続した塩基 3 個の配列。
□	tRNA	mRNA のコドンに相補的な塩基 3 個の配列（アンチコドン）をもつ RNA で，末端にはアンチコドンに応じた特定のアミノ酸を結合する。
□	開始コドン	mRNA の AUG のコドンで，翻訳の開始を指定する。メチオニンを指定する。
□	終止コドン	mRNA の UAA, UAG, UGA のコドンで，アミノ酸を指定せず，翻訳終了を指定する。
□	分　化	分裂してできた細胞が，特定の形やはたらきをもった細胞に変化していくこと。
□	相同染色体	体細胞に含まれている，大きさと形の等しい対になる 2 本の染色体。
□	ゲノム	相同染色体のどちらか一方の組に含まれるすべての遺伝情報。

第3章　ヒトの体内環境の維持

	用語	説明
□	神経系	体内の情報伝達にはたらく器官系の一つ。ニューロンという細胞からなる。
□	ニューロン	神経系を構成する細胞。神経系ではニューロンの興奮によって情報が伝えられる。
□	間　脳	脳の構造の一部であり，視床と視床下部などからなる。
□	視床下部	間脳の視床下部は，自律神経系と内分泌系の中枢としてはたらく。
□	脳　死	脳が損傷を受け，脳全体の機能が停止し，回復が不可能な状態。
□	自律神経系	意志とは無関係に，内臓などの器官のはたらきを調節する神経系。
□	交感神経	自律神経系のうち，一般に，興奮時にはたらく神経。
□	副交感神経	自律神経系のうち，一般に，リラックスしているときにはたらく神経。
□	ペースメーカー	心臓の拍動の信号を周期的に発する部位。心臓の右心房にある。
□	内分泌系	体内の情報伝達にはたらく器官系の一つ。ホルモンによって情報を伝える。
□	ホルモン	内分泌腺から血液中に分泌されて，ほかの器官のはたらきを調節する物質。
□	内分泌腺	ホルモンを合成し，分泌する器官。脳下垂体や甲状腺などがある。
□	標的器官	ホルモンが作用する特定の器官。標的器官には，特定のホルモンだけを受け取る標的細胞が存在する。標的細胞には，特定のホルモンを受容する受容体がある。
□	フィードバック	最終産物やはたらきがその系の前の段階にもどって作用すること。
□	脳下垂体	内分泌腺の一つ。成長ホルモン，甲状腺刺激ホルモンなどを分泌する。
□	体　液	体内の細胞を浸す液体。体液は，組織液，血液，リンパ液の液体成分からなる。
□	組織液	血液の血しょうが毛細血管からしみでたもので，組織の細胞を取り巻く液体。
□	血　液	血管内を流れる液体。液体成分の血しょうと，有形成分の血球に分けられる。
□	リンパ液	リンパ管内を流れる液体。組織液の一部がリンパ管に入ったもの。リンパ球を含む。
□	体内環境	体液によってつくられる環境。動物では，体内環境を一定の範囲内に保っている。
□	恒常性	体内環境が一定の範囲内に維持されている状態。ホメオスタシスともいう。
□	血　糖	血液中のグルコース。ヒトの血糖濃度は 0.1 %前後に維持されている。
□	インスリン	すい臓のランゲルハンス島の B 細胞から分泌されるホルモン。グリコーゲンの合成と組織でのグルコースの呼吸消費を促進する。血糖濃度を低下させる。

（後見返しに続く）

目　次

リードA　各章で学習する内容を表や図を駆使し，整理してまとめました。なお，「生物基礎」の範囲外の発展的な内容には，発展印をつけて区別しています。

リードB　知識が定着しているかを確認するため，一問一答形式の問題を扱いました。

リードC　基本的な良問を「**基本問題**」として扱いました。また，代表的な問題を最初に「**例題**」として扱いました。

リードC+　実践的な問題に挑戦して十分な応用力が養えるよう，その章の総合的な問題を「**章末総合問題**」として扱いました。

巻末チャレンジ問題　巻末に，実験を題材にした考察問題や，図やグラフを読み解く問題など，大学入学共通テストで必要とされる思考力を養える良問を収録しました。

問題につけている印

知 …知識・技能を要する問題

論 …論述解答が求められる問題

思 …思考力・判断力を要する問題

…実験に関する問題

デジタルコンテンツのご利用について

下のアドレスまたは右のQRコードから，本書のデジタルコンテンツ(例題・章末総合問題の解説動画，重要用語の確認テスト)を利用することができます。なお，インターネット接続に際し発生する通信料は，使用される方の負担となりますのでご注意ください。

https://cds.chart.co.jp/books/aycegywu6i

■例題の解説動画

例題 1 顕微鏡の使い方

すべての例題に解説動画を用意しており，各例題の右上のQRコードから視聴することができます。問題の解き方が順を追って説明されているので，理解しやすくなっています。

■章末総合問題の解説動画

リード C+　解説動画

すべての章末総合問題に解説動画を用意しており，章末総合問題の飾りの右端にあるQRコードから視聴することができます。自学などでわからなかった問題の理解に役立ちます。

■重要用語の確認テスト

章ごとに，重要用語の一問一答テストを用意しています。見返し右上のQRコードから取り組むことができ，知識の整理に最適です。

序章 顕微鏡の使い方

A 顕微鏡の操作方法

一般的な光学顕微鏡で観察を行うときは，以下のような手順で操作する。

① **持ち運びと設置**　顕微鏡は，一方の手でアームをにぎり，他方の手で鏡台を支えて持つ。観察は，顕微鏡を直射日光の当たらない明るく水平な場所に置いて行う。

② **レンズの取りつけ**　最初に**接眼レンズ**，次に**対物レンズ**を取りつける。

③ **明るさの調節**　最初は最低倍率にし，**しぼり**を開き，**反射鏡**を動かして視野をむらなく明るくする。顕微鏡の総合倍率は，**接眼レンズの倍率×対物レンズの倍率**で求められる。

④ **プレパラートのセット**　プレパラートを顕微鏡のステージの中央に置き，クリップなどで固定する。

⑤ **ピントの調節**　顕微鏡を横から見ながら，**調節ねじ**をまわして対物レンズとプレパラートを近づける。次に接眼レンズをのぞきながら，対物レンズとプレパラートが遠ざかる方向に調節ねじをまわしてピントを合わせる。

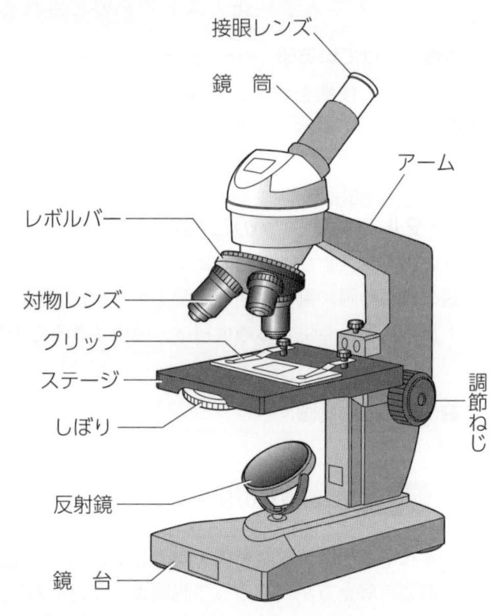

⑥ **しぼりの調節**　しぼりを調節して，鮮明な像が見えるようにする。一般には，低倍率ではしぼりを絞り，高倍率ではしぼりを開く。

⑦ **高倍率での観察**　低倍率で目的の部分を探し，視野の中央に置いて観察する。その後，**レボルバー**をまわして高倍率の対物レンズにかえて観察する。高倍率になるほど視野の明るさは低下し，視野の広さはせまくなり，ピントの合う範囲(焦点深度)はせまく(浅く)なる。

B プレパラートのつくり方

プレパラートは，光が透過するように薄くした試料を**スライドガラス**に置き，水または染色液などをたらして**カバーガラス**をかけてつくる。このとき，試料によっては固定や染色などの操作を行う。

(1) **固定**　細胞を生きた状態に近いままで保存するための操作を**固定**という。

例　ホルマリン，エタノール，酢酸などによる固定

(2) **染色**　光学顕微鏡の場合，無色の構造体を観察しやすくするため，観察対象に応じた染色液で**染色**して観察することが多い。

例　酢酸オルセインによる核の染色，ヤヌスグリーンによるミトコンドリアの染色

C ミクロメーターによる測定

(1) **ミクロメーターの種類** 光学顕微鏡下で試料の大きさを測定するには，**接眼ミクロメーター**と**対物ミクロメーター**を使う。対物ミクロメーターの1目盛りは1mmを100等分したもの，すなわち10μmである。

(2) **ミクロメーターの使い方** ① 接眼レンズの中に接眼ミクロメーターを入れる。

② 対物ミクロメーターをステージにのせ，目盛りにピントを合わせる。

③ 対物ミクロメーターと接眼ミクロメーターの目盛りが重なって見えるように調整する。

④ 両方の目盛りが一致しているところを2か所探し，その間の接眼ミクロメーターの目盛り数と対物ミクロメーターの目盛り数を数える。

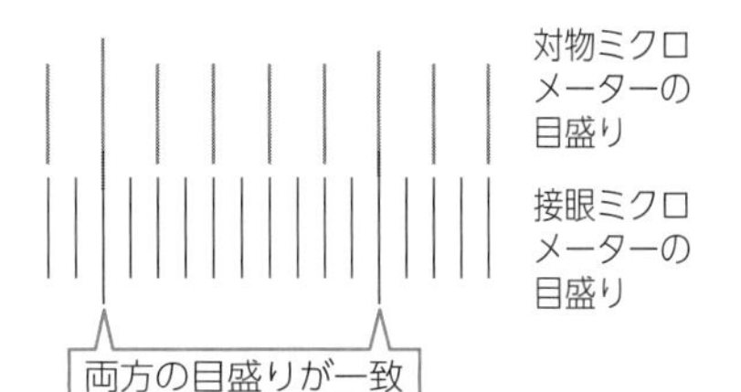

⑤ ④の目盛り数から，接眼ミクロメーター1目盛りが示す長さを求める。

$$\text{接眼ミクロメーターの1目盛りが示す長さ(μm)} = \frac{\text{対物ミクロメーターの目盛り数} \times 10\ \mu m}{\text{接眼ミクロメーターの目盛り数}}$$

⑥ 対物ミクロメーターをはずし，試料がのったプレパラートを同じ倍率で観察し，接眼ミクロメーターの目盛り数から試料の大きさを計算する。

参考 **光学顕微鏡**では，2枚の凸レンズで拡大した像を見る。分解能は約0.2μm(＝200nm)。一方，**電子顕微鏡**では，光(可視光線)よりも波長の短い電子線を用いて，ガラスレンズの代わりに電磁石で電子線を収束させる。生きた細胞は観察できない。透過型と走査型がある。最高倍率約100万倍，分解能は0.1～0.2nm。

D いろいろな細胞や構造体の大きさ

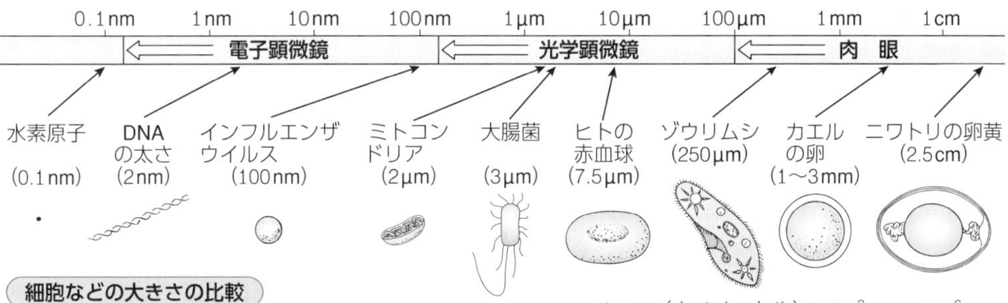

細胞などの大きさの比較

※1nm(ナノメートル)＝10^{-3} μm＝10^{-6} mm

補足 接近した2点を2点として見分けることができる最小の間隔を**分解能**という。肉眼の分解能は約0.1mm(＝100μm)である。

参考 ① **細胞の発見** フックは，自作の顕微鏡を用いてコルクの薄片を観察し，それが多数の“小部屋”からできていることを発見し，「細胞(cell)」と名づけた(1665年)。

② **細胞説** 「生物体の構造とはたらきの基本単位は細胞である」という考え方を**細胞説**という。シュライデンが植物について(1838年)，シュワンが動物について(1839年)，それぞれ最初に提唱した。またブラウンは核を発見し，フィルヒョーは「すべての細胞は細胞から(細胞分裂によって)生じる」との考えを提唱した。

例題 1 顕微鏡の使い方

解説動画

顕微鏡の操作に関する以下の問いに答えよ。

(1) 次の①～③の操作を行うとき，操作する顕微鏡の部位は図の(A)～(C)のどこか。また，その部位の名称を答えよ。

① ピントを調節するとき。

② 視野のまぶしさを軽減するとき。

③ 対物レンズを交換するとき。

(2) 顕微鏡の操作に関する説明として，正しいものをすべて選べ。

① 観察するときはまず，低倍率で観察する。

② 高倍率になるほど，ピントの合う範囲は広くなる。

③ 低倍率で観察するときは，しぼりを開くとよい。

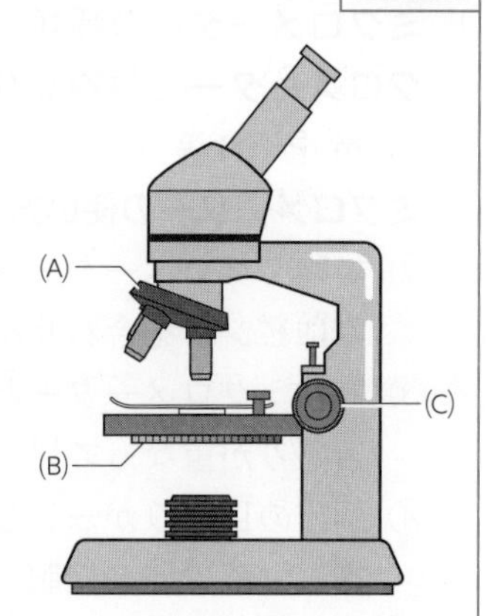

指針 (1) (A)はレボルバーで，対物レンズを交換するときに使用する。(B)はしぼりで，光量を調節するときに使用する。(C)は調節ねじで，ピントを調節するときに使用する。

(2) 高倍率になるほど，ピントの合う範囲は狭くなるので，最初は低倍率で観察する。また，一般的に低倍率で観察するときにはしぼりを絞る。

解答 (1) ① **C，調節ねじ** ② **B，しぼり** ③ **A，レボルバー** (2) **1**

例題 2 ミクロメーターによる測定

解説動画

図1は，ある倍率で見たときの対物ミクロメーターと接眼ミクロメーターの目盛りを示したものである。なお，対物ミクロメーターの1目盛りは10 μmである。

(1) 接眼ミクロメーターの1目盛りは何μmか。

(2) 図1と同じ倍率で，ある細胞を観察すると，図2のように見えた。この細胞の長径は何μmか。

図1

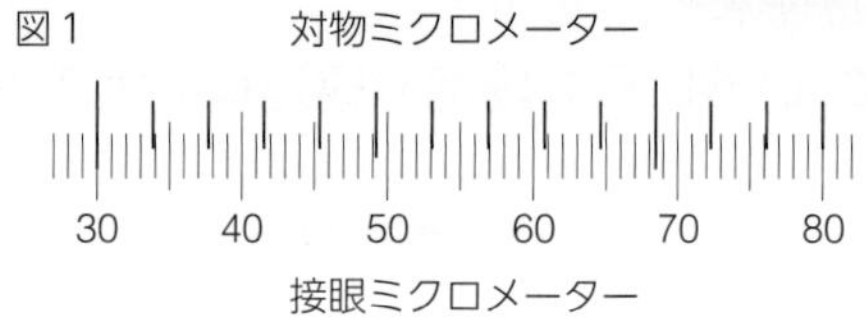

図2

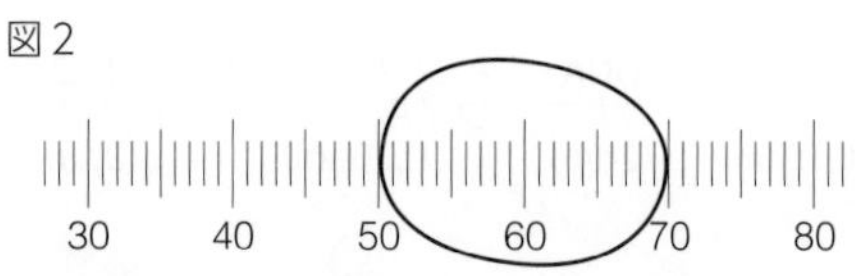

指針 (1) 図1で，対物ミクロメーターの目盛りと接眼ミクロメーターの目盛りが重なっているところを2か所探すと，対物ミクロメーターの13目盛り分が接眼ミクロメーターの50目盛り分と一致していることがわかる。また，対物ミクロメーターの1目盛りは10 μmである。これらのことから，接眼ミクロメーターの1目盛りが何μmに相当するかを計算によって求める。

(2) この細胞の長径は，接眼ミクロメーターの20目盛り分である。

解答 (1) $\dfrac{\textbf{対物ミクロメーターの目盛り数} \times 10\ \mu m}{\textbf{接眼ミクロメーターの目盛り数}} = \dfrac{13\ \textbf{目盛り} \times 10\ \mu m}{50\ \textbf{目盛り}} = 2.6\ \mu m$ 答

(2) **2.6 μm/目盛り × 20 目盛り = 52 μm** 答

基本問題　リード C

知 **1. 顕微鏡の構造●**　顕微鏡の構造について，以下の問いに答えよ。

(1) 右図の顕微鏡の(ア)～(キ)の名称を次の中からそれぞれ選べ。

① 対物レンズ　② 反射鏡　③ レボルバー
④ 接眼レンズ　⑤ しぼり　⑥ ステージ
⑦ 調節ねじ

(2) 次の(a)～(e)の説明は，どの部分のはたらきを説明したものか。図の(ア)～(キ)からそれぞれ選べ。

(a) 使用する対物レンズを入れかえる。
(b) ピントを調節する。
(c) 光を反射させて，光が対物レンズに入るようにする。
(d) 試料をのせる台。
(e) 試料を通過した光を屈折させて，鏡筒内に一次像をつくる。

▷p.4 例題 1

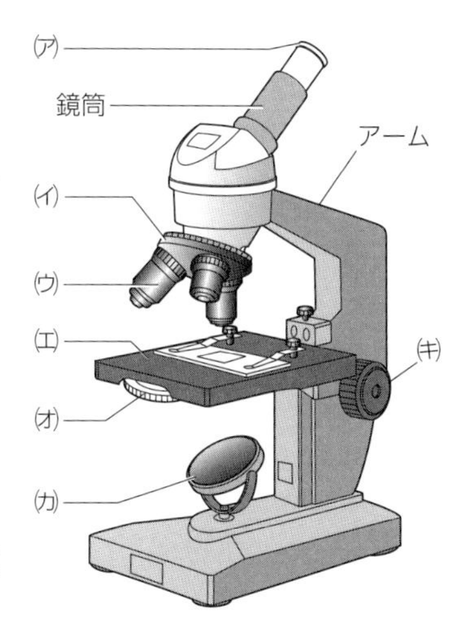

知 **2. 顕微鏡の使い方●**　次の①～⑦の文章は，顕微鏡を使うときの手順を順不同で示したものである。これらを正しい順に並べかえよ。

① 対物レンズを取りつけ，レボルバーをまわして低倍率の対物レンズにする。
② 接眼レンズを取りつける。
③ 接眼レンズをのぞきながら，対物レンズとプレパラートが遠ざかる方向に調節ねじをまわしてピントを合わせる。
④ より詳しく観察したい部分を視野の中央に置く。
⑤ レボルバーをまわして高倍率の対物レンズに切りかえ，ピントの微調整をする。
⑥ 横から見ながら，調節ねじをまわして対物レンズとプレパラートを近づける。
⑦ 反射鏡を動かして視野を明るくし，試料がステージの中央にくるようにする。

知 **3. 顕微鏡での観察●**　光学顕微鏡での観察について，以下の問いに答えよ。

(1) 対物レンズを低倍率から高倍率に変えると，視野の明るさはどのようになるか。次の(a)～(c)から 1 つ選べ。

(a) 明るくなる　(b) 暗くなる　(c) 変わらない

(2) 高倍率で観察すると，ピントの合う範囲(焦点深度)は低倍率のときに比べてどのようになるか。次の(a)～(c)から 1 つ選べ。

(a) 広くなる(深くなる)　(b) せまくなる(浅くなる)　(c) 変わらない

(3) 接眼レンズはそのままで，対物レンズを 10 倍から 40 倍に変えると，視野の広さは最初の何分の 1 になるか。

知 **4. 顕微鏡観察と固定・染色●** 細胞の観察に関する以下の問いに答えよ。

(1) 細胞を生きていたときに近い状態で保存するための操作を何というか。

(2) (1)の操作のために用いる試薬として，次の(a)~(d)のうちで最も適当なものはどれか。1つ選び，記号で答えよ。

(a) 中性赤　(b) ホルマリン　(c) 水　(d) ヤヌスグリーン

(3) 無色の構造体を観察しやすくするために色素で染める操作を何というか。

(4) タマネギのりん葉の表皮の観察のため，ある染色液を加えてプレパラートを作製したところ，無色の核が赤く染まり，はっきりと観察できた。このとき加えた染色液は何か答えよ。

知 **5. ミクロメーターの使い方●** ミクロメーターの使い方とその測定方法について，以下の問いに答えよ。

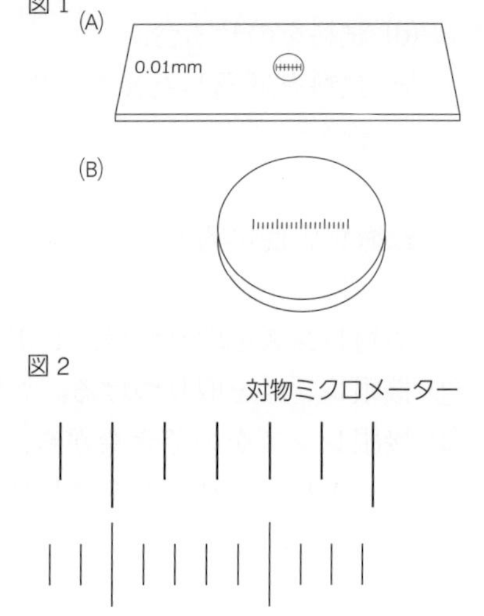

(1) 図1の(A)，(B)は接眼ミクロメーター，対物ミクロメーターのそれぞれどちらか。

(2) 接眼レンズに入れるのは(A)，(B)のどちらか。

(3) 対物ミクロメーターの1目盛りは1mmを100等分した長さである。1目盛りは何μmか。

(4) 接眼ミクロメーターをセットしたまま，ある倍率で対物ミクロメーターを観察したところ，図2のように見えた。接眼ミクロメーターと対物ミクロメーターの目盛りが一致している箇所を探し，それぞれ何目盛りが一致しているかを答えよ。

(5) (4)で答えた両方の目盛りが一致している2点間の距離を，対物ミクロメーターの目盛りから求めよ。

(6) (4)と(5)から，この倍率での接眼ミクロメーターの1目盛りの長さを求めよ。

(7) 同じ倍率でゾウリムシを測定したところ，その大きさ(長径)は接眼ミクロメーターの40目盛り分であった。このゾウリムシの大きさは何μmか。

知 **6. ミクロメーターによる測定●** 次の文章を読み，以下の問いに答えよ。

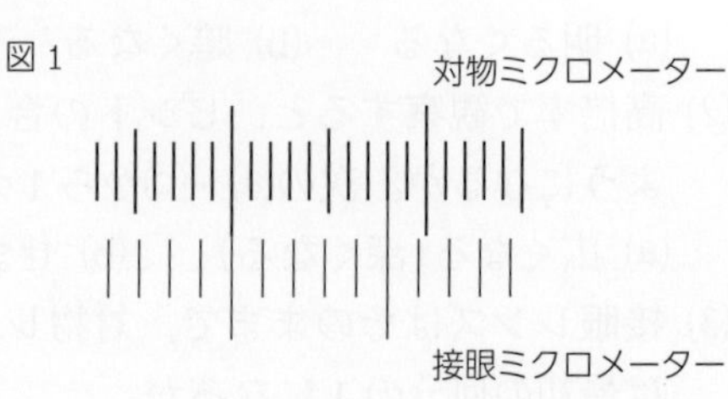

顕微鏡の接眼レンズ内に接眼ミクロメーターを入れ，ステージに対物ミクロメーターをのせて観察したところ，図1のような目盛りが見られた。また，同じ倍率で細胞を観察したところ，図2のように見えた。なお，対物ミクロメーターの1目盛りは1mmが100

等分されている。

(1) 図 1 の結果から，このとき接眼ミクロメーター 1 目盛りが示す長さは何 μm か。

(2) 図 2 の細胞の大きさ(長径)は何 μm か。

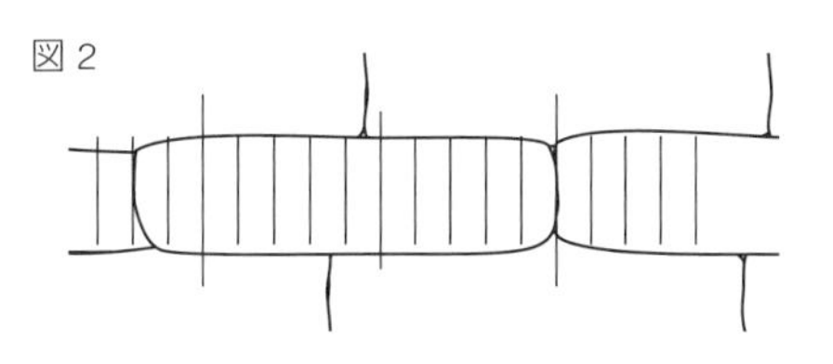
図 2

▷ p.4 例題 2

知 論 **7. 顕微鏡の種類●** 次の文章を読み，以下の問いに答えよ。

細胞などの観察に利用される顕微鏡は，試料を透過してきた光を用いて観察する(ア)と，電子線を用いて観察する(イ)に大別できる。

(ア)の分解能は約 0.2 μm で，観察手法の異なる位相差顕微鏡，微分干渉顕微鏡，蛍光顕微鏡などの種類も存在する。(イ)の分解能は 0.1 ～ 0.2 nm で，透過型と走査型の 2 種類がある。

(1) 文章中の空欄に当てはまる語句を答えよ。

(2) 下線部の分解能とは何か。簡潔に説明せよ。

(3) 試料がもつ色を見分けることができ，細胞などを生きたまま観察することが可能なのは(ア)，(イ)のどちらか。

知 **8. 細胞や構造体の大きさ①●** 細胞などの大きさについて，以下の問いに答えよ。

(1) 次の(ア)～(カ)を，大きさの小さい順に並べよ。

(ア) 大腸菌　(イ) ヒトの口腔上皮細胞　(ウ) カエルの卵
(エ) 葉緑体　(オ) インフルエンザウイルス　(カ) ゾウリムシ

(2) (1)の(ア)～(カ)のうち，肉眼でも見ることができる大きさのものはどれか。適当なものをすべて選び，記号で答えよ。

知 **9. 細胞や構造体の大きさ②●** 次の文章を読み，以下の問いに答えよ。

肉眼の分解能は約 0.1(ア)，光学顕微鏡の分解能は約 0.2(イ)であり，肉眼では見分けることのできない細胞などの観察には，おもに光学顕微鏡が用いられる。

(1) 文章中の空欄に当てはまる単位をそれぞれ答えよ。

(2) 下図は，直線上にいろいろな細胞や構造体の大きさを示したものである。次の①～⑥の細胞や構造体の大きさは，それぞれ下図のどこに該当するか。a ～ f から 1 つずつ選べ。

① ミトコンドリア　② ヒトの赤血球　③ ゾウリムシ
④ カエルの卵　⑤ 細胞膜(厚さ)　⑥ ヒトの座骨神経(長さ)

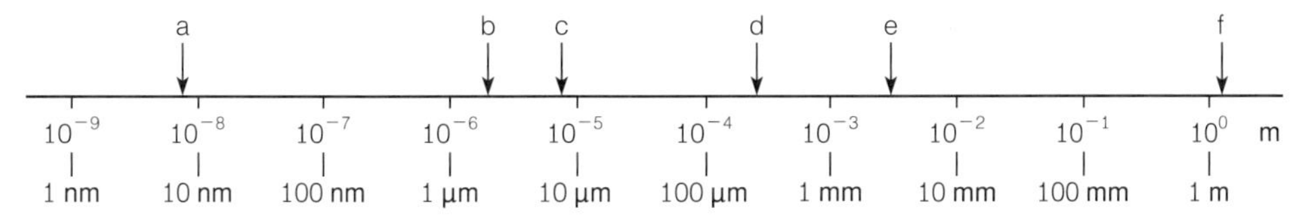

第1章 生物の特徴

1 生物の多様性と共通性

A 生物の多様性

地球上には，数千万種ともいわれる多種多様な生物が生活している。それぞれの生物は，それぞれが生活する環境に適した形態や機能をもっている。

B 生物の多様性・共通性とその由来

(1) **生物の分類と共通性**　生物には，多様でありながらも共通性が見られる。

多様な生物は，共通の特徴に基づいて分類される。生物を分類するうえで，最も基本的な単位は**種**である。同じ種の個体は，形態的・生理的な面で共通の特徴をもち，生殖能力をもつ子を残すことができる。

発展　よく似た種を集めて**属**，よく似た属を集めて**科**というように，生物は段階的に分類されている。

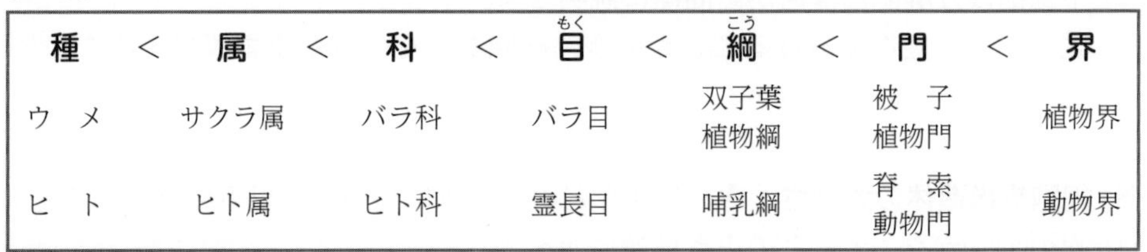

種	<	属	<	科	<	目(もく)	<	綱(こう)	<	門	<	界
ウメ		サクラ属		バラ科		バラ目		双子葉植物綱		被子植物門		植物界
ヒト		ヒト属		ヒト科		霊長目		哺乳綱		脊索動物門		動物界

(2) **生物の進化と系統**　生物の形質が，世代を重ねて受けつがれていく過程で長い時間をかけて変化していくことを，**進化**という。生物が多様なのは，進化の過程で，祖先にはない形質をもつ生物が現れ，さまざまな環境に**適応**していったためである。また，進化の過程で現れたある特徴が，その子孫に受け継がれていくと，その特徴はその子孫の共通の特徴となる。

脊椎動物の系統

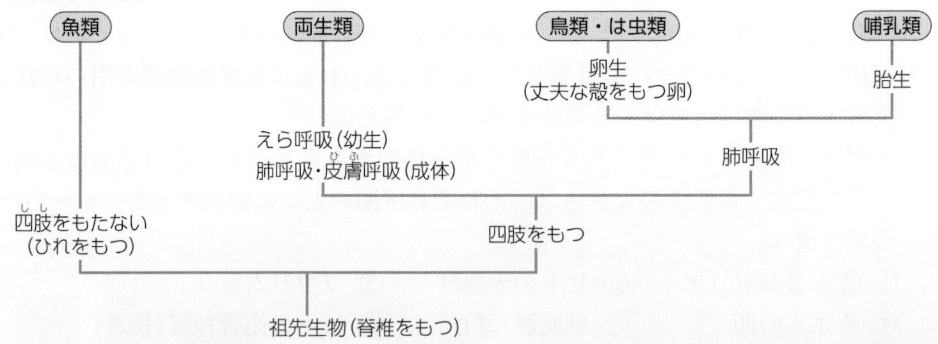

進化の道すじを**系統**といい，系統を樹木のような形にして表した図を**系統樹**という。

発展　系統樹のうち，特にタンパク質のアミノ酸配列や DNA の塩基配列など分子の情報の比較に基づいて作成されたものを**分子系統樹**という。

(3) **すべての生物に見られる共通性**　すべての生物には，次のような共通した特徴が見られる。

① **細胞からできている**

すべての生物のからだは**細胞**からできている。構造やはたらきの異なる細胞であっても，細胞の基本的な構造は共通している。

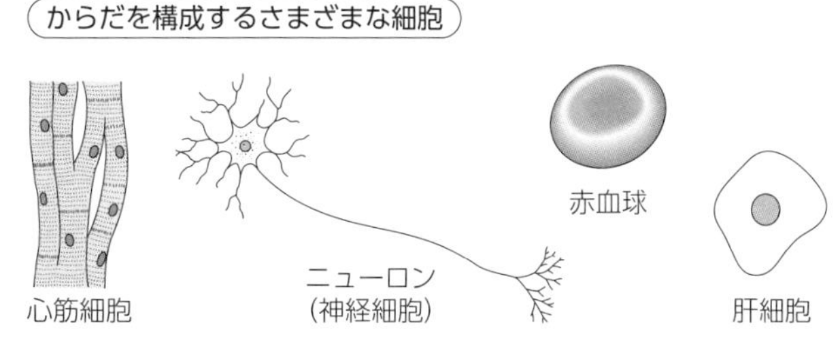

② **生命活動にエネルギーが必要である**　生物が生きていくためのさまざまな活動には，エネルギーが必要である。すべての生物において，細胞内でエネルギーの受け渡しの役割を担っているのは，**ATP** という物質である。

③ **遺伝情報をもっている**　すべての生物は細胞の中に，遺伝情報を担う物質として **DNA** をもっている。DNA の情報をもとにタンパク質がつくられ，生物の形質が現れる。DNA は，細胞分裂の際に複製され，新しい細胞に分配される。

参考　**その他の共通性**

① **体内環境の維持**　多細胞生物では環境が変化しても体内環境を一定の範囲内に保っている。体内環境が一定の範囲内に維持されている状態を恒常性(ホメオスタシス)という。

② **刺激の受容と反応**　生物は外界からの刺激を受容し，それに対する応答を行う。

③ **自己複製**　生物は自分と同じ種類の新しい個体をつくり，自分がもつ遺伝情報を伝える。

④ **進化**　生物は進化する。

参考　**個体の成り立ち**

① **単細胞生物**　一生を通じて個体がただ 1 つの細胞からなる生物。

例　細菌，酵母，ゾウリムシ

② **細胞群体**　細胞どうしがゆるく連絡しあって共同生活をし，あたかも 1 個体のように見える生物。

例　ボルボックス

③ **多細胞生物**　多数の細胞が集まって 1 個体となる生物。多細胞生物では，同じような構造と機能をもつ細胞が集まったものを**組織**といい，いくつかの組織が集まって特定のはたらきをするものを**器官**という。

単細胞生物
ゾウリムシ

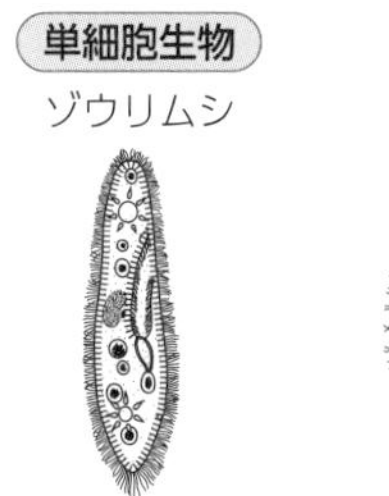

細胞群体
ボルボックス

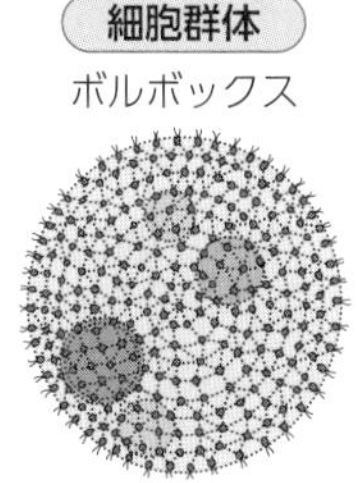

動物では，細胞の特徴やはたらきから，上皮組織・結合組織・筋組織・神経組織という 4 つの組織に区別される。

動物のからだ：細胞→組織→器官→器官系→個体

植物の組織は，大きくは細胞分裂をする分裂組織と，分裂を停止して分化した組織とに分けられる。

植物のからだ：細胞→組織→組織系→器官→個体

C 生物の共通性としての細胞

すべての細胞は**DNA**をもち，**細胞膜**で仕切られた構造をしている。細胞は，核をもつ**真核細胞**と，核をもたない**原核細胞**に大別される。

(1) **真核細胞**　・真核細胞は，**核**と**細胞質**に大きく分けられ，細胞質の最外層には細胞膜がある。植物細胞は細胞膜の外側に**細胞壁**をもつ。

・真核細胞の内部には核や**ミトコンドリア**，**葉緑体**などの**細胞小器官**が見られる。

・真核細胞にはふつう1個の核が存在する。核の内部には生物の種ごとに決まった数の染色体がある。染色体はDNAとタンパク質でできている。

核の内部構造

補足　哺乳類の赤血球は，成熟過程で核を放出するため無核の細胞となる。また骨格筋の筋細胞は，多数の細胞が融合するため多核細胞となる。

・真核細胞からなる生物を**真核生物**という。

例　動物，植物，菌類(カビ・キノコのなかま)，原生生物(ゾウリムシ，ミドリムシなど)

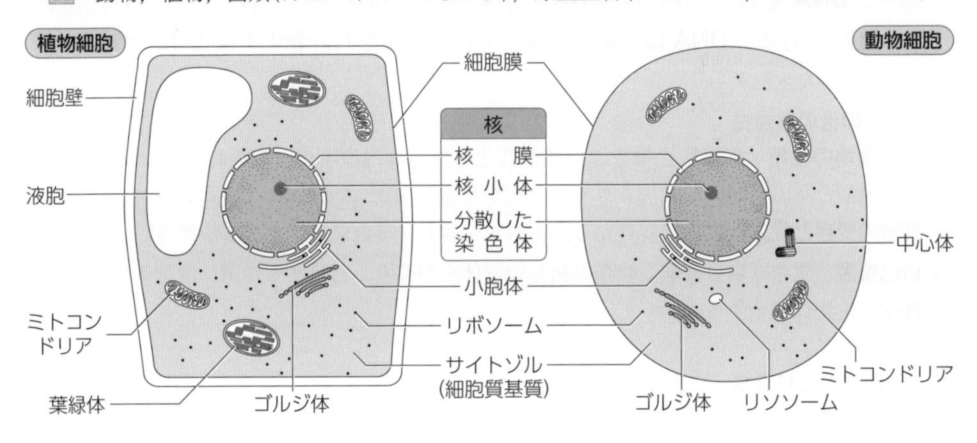

(2) **原核細胞**　DNAはもつが核をもたず，ミトコンドリアや葉緑体などの細胞小器官をもたない。通常,真核細胞より小さい。原核細胞からなる生物を**原核生物**という。

例　細菌(大腸菌，乳酸菌，納豆菌，シアノバクテリア(ネンジュモ，ユレモなど)など)

原核生物の基本構造

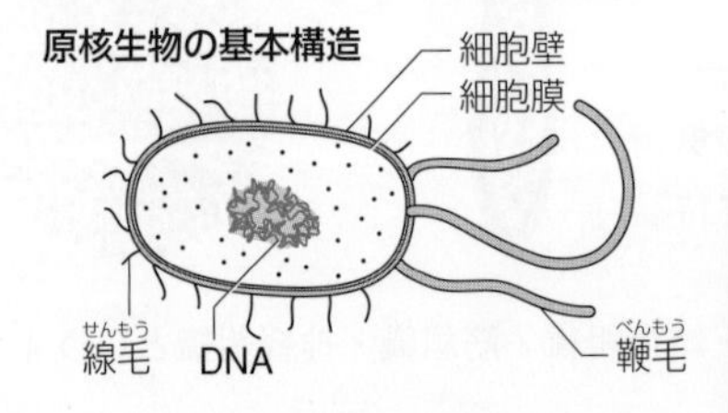

原核細胞と真核細胞の比較

	原核細胞	真核細胞		
		動物	植物	菌類
DNA	＋	＋	＋	＋
細胞膜	＋	＋	＋	＋
細胞壁	＋	－	＋	＋
核(核膜)	－	＋	＋	＋
ミトコンドリア	－	＋	＋	＋
葉緑体	－	－	＋	－

(＋は存在する，－は存在しないことを示す)

(3) 真核細胞の構造体とそのはたらき

細胞の構造体			構　造	はたらき
核	核　膜		2枚の薄い膜からなり，核膜孔とよばれる小さな孔が多数ある。核膜孔は核と細胞質の間での物質の通路となる	核の保護 物質の出入りの調節
核	染色体		DNAとタンパク質からなる。通常は糸状であるが，細胞分裂時には凝縮して太く短いひも状になる。酢酸カーミンや酢酸オルセインなどの染色液で染まる	DNAは遺伝情報を担う
核	核小体		RNAを含む小体で，核内に1～数個存在する	rRNAの合成
細胞質	ミトコンドリア		二重の膜構造からなり，ひだ状になった内膜はクリステとよばれる。基質はマトリックスとよばれ，DNAを含む。ヤヌスグリーンで染まる	**呼吸**によって有機物を分解し，ATPを合成
細胞質	＊色素体	葉緑体	内外2枚の膜で囲まれ，内部にあるチラコイド膜には光合成色素が存在する。基質はストロマとよばれ，DNAを含む	**光合成**によって，光エネルギーを吸収し，デンプンなどの有機物を合成
細胞質	＊色素体	有色体	花弁や果皮などに存在し，カロテンやキサントフィルを含む	
細胞質	＊色素体	白色体	根の細胞などに存在し，色素は含まない	デンプンの合成と貯蔵
細胞質	細胞膜		リン脂質とタンパク質からなる厚さ5～10 nmの薄い膜	物質の出入りの調節
細胞質	ゴルジ体		1枚の膜からなるへん平な袋が重なった構造体。神経や消化器官の細胞に多く見られる	物質の分泌
細胞質	小胞体		1枚の膜からなり，細胞内に網目状に分布する。小胞体の一部は核膜や細胞膜ともつながる。 リボソームの付着した粗面小胞体と，付着していない滑面小胞体に分けられる	リボソームで合成されたタンパク質のゴルジ体への輸送
細胞質	リボソーム		RNAとタンパク質からなる小さな粒状の構造体。小胞体の表面に付着しているものと，細胞質に散在しているものがある	タンパク質の合成
細胞質	リソソーム		1枚の膜からなる球状の構造体。加水分解酵素を含む	細胞内消化
細胞質	中心体		筒状の構造をした2個の中心小体が直交したもの。動物，および藻類，コケ植物・シダ植物など一部の植物細胞に存在する	細胞分裂時の紡錘体形成の起点となる 鞭毛・繊毛の形成に関与
細胞質	液　胞		内部の細胞液には有機物，無機塩類，色素(アントシアン)などが溶けている。成長した植物細胞でよく発達している	老廃物の貯蔵
細胞質	サイトゾル(細胞質基質)		細胞内の液状部分であり，酵素など各種タンパク質やRNAなどを含む	解糖系によって有機物を分解し，ATPを合成
細胞質	細胞骨格		細胞内部に広がる繊維状の構造	細胞の形の維持 細胞の運動 細胞内の物質輸送
＊細胞壁			セルロースを主成分とする丈夫な構造	細胞の保護と形の維持

▒は電子顕微鏡を用いないと観察できないもの。　＊は動物細胞では見られないもの。

2 エネルギーと代謝

A 生命活動とエネルギー

生命活動には**エネルギー**が必要である。

B 代謝とエネルギー

(1) **代謝**　生体内での化学反応全体を**代謝**という。代謝は**同化**と**異化**に大別される。

① **同化**　単純な物質から複雑な物質を合成し，エネルギーを蓄える反応。

例　炭素同化(光合成，化学合成)，窒素同化

② **異化**　複雑な物質を単純な物質に分解し，エネルギーを放出する反応。

例　呼吸，発酵

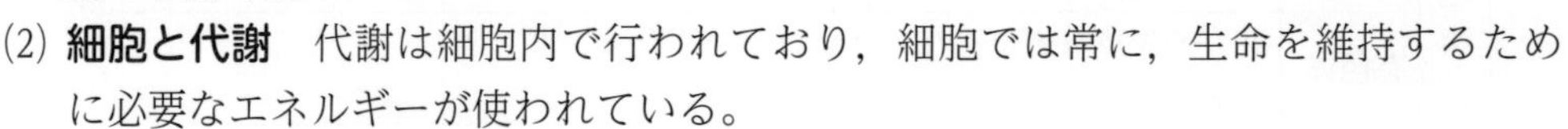

(2) **細胞と代謝**　代謝は細胞内で行われており，細胞では常に，生命を維持するために必要なエネルギーが使われている。

(3) **エネルギーの種類と変換**　光エネルギーや電気エネルギー，化学エネルギーなどのエネルギーは，互いに変換される。

例　光エネルギー → 化学エネルギー(光合成)

C ATP

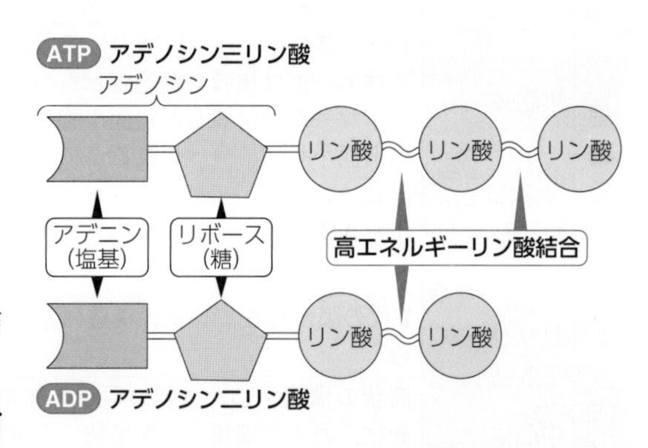

代謝に伴うエネルギーのやり取りは，**ATP(アデノシン三リン酸)**という物質が仲介している。

(1) **ATPとは**　ATPは**アデニン(塩基)**と**リボース(糖)**が結合したアデノシン1分子に3分子の**リン酸**が結合した物質であり，リン酸どうしの結合は**高エネルギーリン酸結合**とよばれる。

ATPが**ADP(アデノシン二リン酸)**とリン酸に分解(加水分解)されるとき，そのエネルギー量の差の分のエネルギーが放出される。また，ADPとリン酸からATPが合成されるとき，そのエネルギー量の差の分のエネルギーが吸収される。

ATP ＋ H_2O ⇄ ADP ＋ リン酸 ＋ エネルギー

(2) **ATPの役割**　ATPは，その合成と分解を通じてエネルギーの貯蔵・放出ができる物質であるため，細胞内で必要な場所に運ばれ，効果的にエネルギーを供給する役割を担うことができる。ATPのはたらきは，すべての生物の細胞で共通している。

3 呼吸と光合成

A 呼吸

(1) **呼吸による ATP の合成**　細胞の生命活動に必要なエネルギーは，細胞の**呼吸**によって供給される。呼吸は，有機物がもっていたエネルギーを利用して ATP を合成するはたらきで，反応には酸素を必要とする。呼吸のはたらきは，おもに**ミトコンドリア**で行われる。

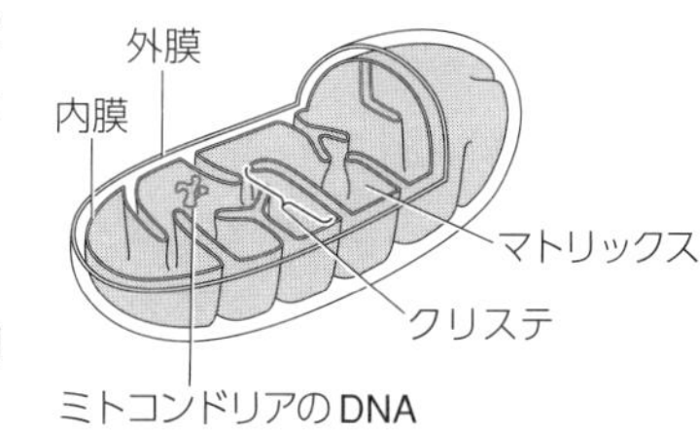

発展　ミトコンドリアは二重の膜構造からなり，内膜は内側に突き出してひだ状になっている。

呼吸全体の反応をまとめると，次のように表すことができる。

有機物　＋　**酸素**　→　**二酸化炭素**　＋　**水**
($C_6H_{12}O_6$)　(O_2)　(CO_2)　(H_2O)
エネルギー(ATP)

(2) **呼吸と燃焼の違い**　燃焼では，化学反応が急激に起こり，取り出されたエネルギーの大部分が熱や光として放出される。一方，呼吸では，多数の化学反応が段階を追って進められることで，放出されるエネルギーを段階的に取り出し，ATP に蓄えることができる。

発展　**呼吸の過程**

呼吸は，次の 3 つの反応過程からなる。

① 解糖系〔サイトゾル（細胞質基質)〕	1 分子のグルコースが分解されて 2 分子のピルビン酸ができる。この過程でグルコース 1 分子当たり 2 分子の ATP が合成される
② クエン酸回路〔ミトコンドリアのマトリックス〕	ピルビン酸がミトコンドリアに取りこまれ，マトリックスなどで分解される。この過程で二酸化炭素(CO_2)が生じる。また，グルコース 1 分子当たり 2 分子の ATP が合成される
③ 電子伝達系〔ミトコンドリアの内膜〕	①と②では，ATP とは別のエネルギーを仲介する物質(NADH など)も生じており，この物質から，グルコース 1 分子当たり約 28 分子の ATP が合成される。電子が水素イオン，酸素と結合して水(H_2O)ができる

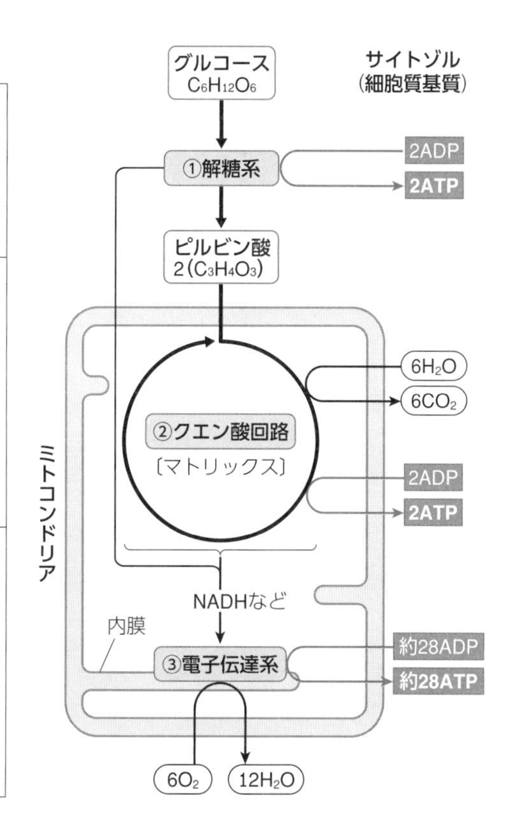

B 光合成

生物が光エネルギーを利用して ATP を合成し，その ATP を利用して有機物を合成するはたらきを**光合成**という。

参考　二酸化炭素などの無機物から炭水化物などの有機物を合成するはたらきを**炭素同化**(**炭酸同化**)という。その際，光エネルギーを利用する場合は，光合成という。

(1) **葉緑体**　植物や藻類の場合，光合成は**葉緑体**で行われる。葉緑体には，**クロロフィル**とよばれる緑色の色素が含まれており，光エネルギーの吸収にはたらく。

発展　葉緑体は 2 枚の膜で包まれ，内部にはへん平な袋状の構造(チラコイド)がある。

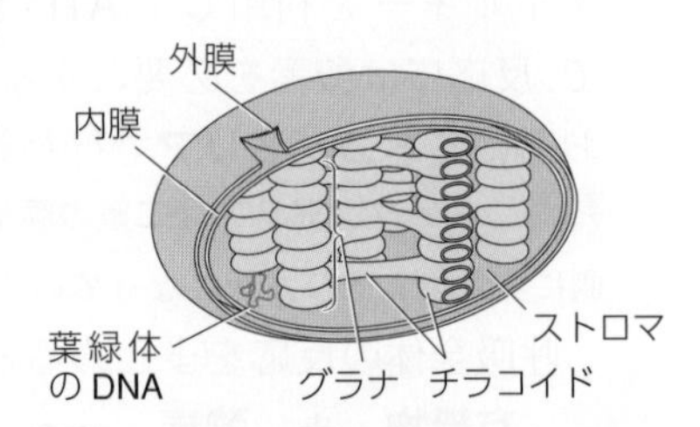

(2) **光合成の反応**　光合成では，吸収した光エネルギーを利用して ADP とリン酸から ATP が合成される。さらに，この ATP のエネルギーを利用して，有機物が合成される。植物の場合，反応には二酸化炭素(CO_2)と水(H_2O)が必要で，有機物とともに酸素(O_2)が生じる。光合成によって，光エネルギーが有機物中の化学エネルギーに変換される。

二酸化炭素　＋　**水**　→　**有機物**　＋　**酸素**
(CO_2)　(H_2O)　($C_6H_{12}O_6$)　(O_2)
光エネルギー

発展　**光合成の過程**

光合成は次の 4 つの反応過程からなり，①～③はチラコイド膜で，④はストロマで行われる。

① 光エネルギーの吸収	チラコイド膜で，クロロフィルなどの光合成色素が光エネルギーを吸収する。これが光合成に必要なエネルギーの獲得となる
② 水の分解	①の反応に伴って，水(H_2O)が分解され，酸素(O_2)が生じる
③ ATP の合成	②の反応に伴って，ADP から ATP が合成される
④ CO_2 の固定	ストロマでは，気孔から取りこんだ二酸化炭素(CO_2)をいくつもの反応を経て還元し，有機物($C_6H_{12}O_6$)を合成する。このとき，②でつくられた NADPH や③でつくられた ATP が利用される

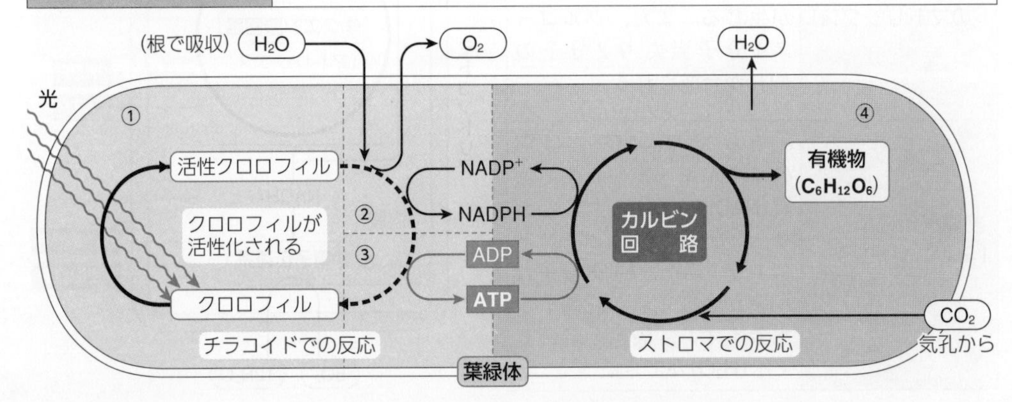

C 酵素

(1) **触媒としての酵素**　化学反応を促進するはたらきをもち，それ自体は反応の前後で変化しない物質のことを**触媒**という。

細胞内の化学反応においては，細胞内で合成されたタンパク質からなる**酵素**が，生体触媒(生体内でつくられた触媒)としてはたらいている。

(2) **酵素の基質特異性**　酵素が作用する物質を**基質**といい，酵素が特定の物質にしか作用しない性質を**基質特異性**という。これは鍵と鍵穴の関係によく似ている。

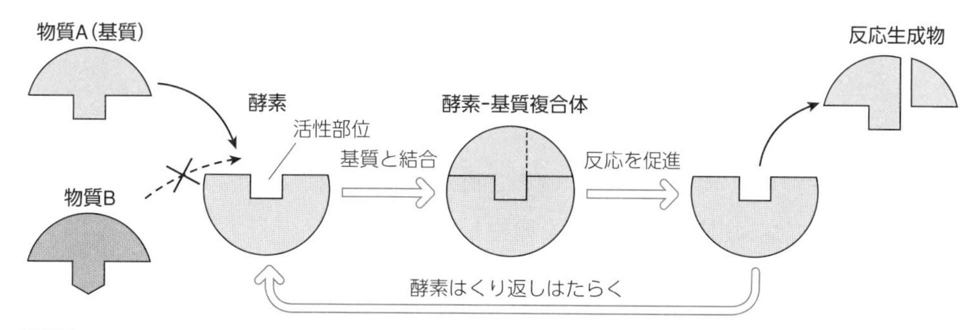

発展　酵素が基質特異性を示すのは，酵素にはそれぞれ特有の立体構造をもつ活性部位があり，基質のみが活性部位に適合して酵素の作用を受けられるためである。

D 細胞内での酵素の分布

細胞内ではたらく酵素は，そのはたらきに応じて特定の細胞小器官などに分布している。また，消化酵素のアミラーゼやペプシンのように，細胞外に分泌されてはたらく酵素もある。

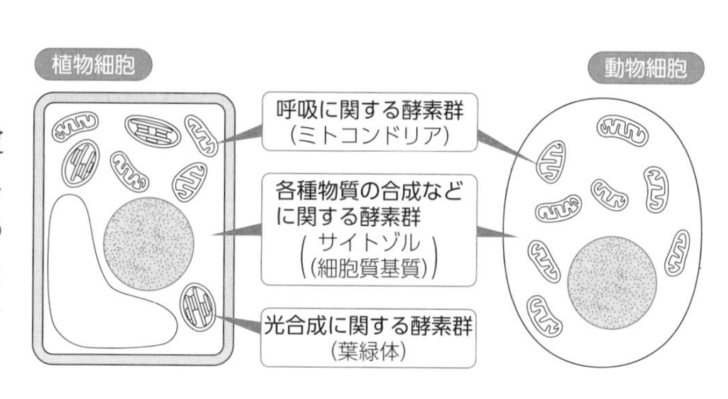

発展　**酵素のはたらきと外的条件**

① **最適温度**　温度が高くなるほど酵素や基質の分子運動が盛んになるため，基質が酵素と出会う頻度が増す。一方，酵素はおもにタンパク質でできており，ある一定の温度以上になると構造が変化(変性)し，触媒作用を失う(失活)。そのため，酵素には反応速度が最も大きくなる温度があり，これを**最適温度**という。

② **最適 pH**　酵素のはたらきは，反応液の酸性やアルカリ性の強さ(pH)によっても変化する。それぞれの酵素には反応速度が最も大きくなる pH (**最適 pH**)がある。

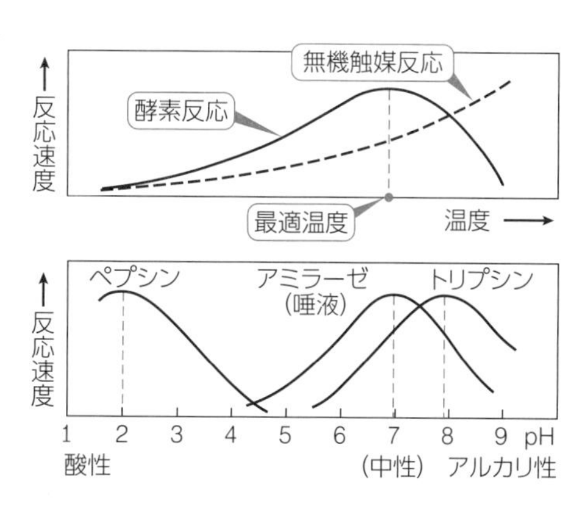

用語 CHECK

◉一問一答で用語をチェック◉

① 多種多様な生物は，共通の祖先から進化してきたと考えられている。このような進化の道すじを何というか。　①

② 生物のからだを構成する基本単位を何というか。　②

③ ②の中にあり，遺伝情報を担う物質は何か。　③

④ 核などのさまざまな細胞小器官をもつ細胞を何というか。　④

⑤ 核をもたない細胞を何というか。　⑤

⑥ 呼吸が行われる細胞小器官は何か。　⑥

⑦ 光合成が行われる細胞小器官は何か。　⑦

⑧ 細胞小器官のまわりを満たしている液状の部分を何というか。　⑧

⑨ 生体内における物質の化学反応を総称して何というか。　⑨

⑩ ⑨のうち，単純な物質から複雑な物質を合成し，エネルギーを蓄える反応を何というか。　⑩

⑪ ⑨のうち，複雑な物質を単純な物質に分解し，エネルギーを取り出す反応を何というか。　⑪

⑫ 生体内でのエネルギーのやりとりを仲介する物質は何か。　⑫

⑬ 生物が酸素を用いて有機物を分解し，取り出されたエネルギーを利用して ATP を合成するはたらきを何というか。　⑬

⑭ 生物が光エネルギーを利用して，二酸化炭素と水から炭水化物などの有機物を合成するはたらきを何というか。　⑭

⑮ 化学反応を促進するはたらきをもち，それ自体は反応の前後で変化しない物質を一般に何というか。　⑮

⑯ 生体内で⑮としてはたらく物質を何というか。　⑯

⑰ ⑯がはたらく相手の物質を何というか。　⑰

⑱ ⑯が特定の物質にしかはたらかない性質を何というか。　⑱

⑲ 光合成に関係する⑯は，おもに何という細胞小器官に含まれるか。　⑲

⑳ 呼吸に関係する⑯は，おもに何という細胞小器官に含まれるか。　⑳

解答

① 系統　② 細胞　③ DNA(デオキシリボ核酸)　④ 真核細胞　⑤ 原核細胞　⑥ ミトコンドリア　⑦ 葉緑体　⑧ サイトゾル(細胞質基質)　⑨ 代謝　⑩ 同化　⑪ 異化　⑫ ATP(アデノシン三リン酸)　⑬ 呼吸　⑭ 光合成　⑮ 触媒　⑯ 酵素　⑰ 基質　⑱ 基質特異性　⑲ 葉緑体　⑳ ミトコンドリア

例題 3 細胞の構造

右図は，ある生物の細胞の構造を模式的に示したものである。

(1) 図は，原核細胞と真核細胞のどちらか。

(2) 図中の(a)～(g)の各部の名称を答えよ。

(3) 次の①～④は，図中の(a)～(g)のどの構造について説明したものか。

① 細胞の内外をしきる膜で，厚さは 5 ～ 10 nm。

② 光合成を行う細胞小器官である。

③ 酸素を使って，呼吸を行う細胞小器官である。

④ 張力や圧力にも耐えられる構造で，細胞の保護や細胞の形の保持にはたらく。

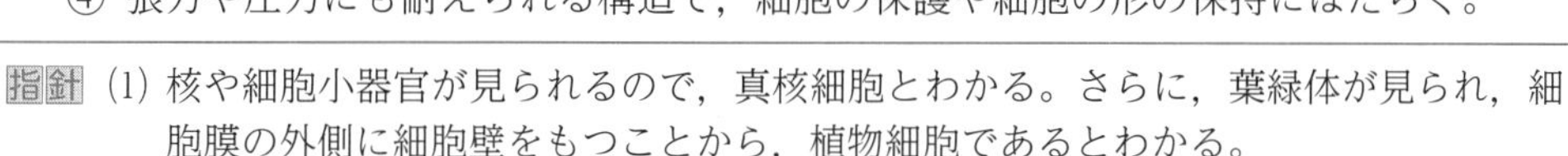

指針 (1) 核や細胞小器官が見られるので，真核細胞とわかる。さらに，葉緑体が見られ，細胞膜の外側に細胞壁をもつことから，植物細胞であるとわかる。

(2)，(3) 細胞膜は厚さ 5 ～ 10 nm で，光学顕微鏡では構造自体は観察できない。細胞壁は植物細胞にのみ見られる構造で，丈夫で厚く細胞の保護や形の保持にはたらく。葉緑体とミトコンドリアでは，葉緑体のほうが大きいので，(g)が葉緑体，(b)がミトコンドリアとわかる。

解答 (1) **真核細胞**　(2) (a) **核**　(b) **ミトコンドリア**　(c) **サイトゾル(細胞質基質)**　(d) **細胞膜**　(e) **細胞壁**　(f) **液胞**　(g) **葉緑体**　(3) ① **d**　② **g**　③ **b**　④ **e**

例題 4 エネルギーの移動

右図は，生体内で起こる，物質の代謝とエネルギーの出入りについて，模式的に示したものである。

(1) 右図の A, B で示した代謝の過程を，それぞれ何というか。

(2) A の過程のうち，光エネルギーを利用して行われるはたらきを何というか。

(3) 細胞内の B の過程で生じたエネルギーは，ふつう何という物質を介して，生命活動に利用されるか。

(4) (3)の物質は，生命活動に必要なエネルギーを放出すると，リン酸とある物質に分解される。このある物質を何というか。

指針 (1)，(2) 光合成は同化(A)，呼吸は異化(B)の代表的な例である。同化では反応に伴ってエネルギーが吸収され，異化では反応に伴ってエネルギーが放出される。

(3)，(4) 呼吸によって取り出されたエネルギーが，直接さまざまな生命活動に利用されるわけではない。取り出されたエネルギーは ATP に蓄えられ，ATP が ADP とリン酸に分解されるときに放出されるエネルギーが，生命活動に利用される。

解答 (1) **A 同化　B 異化**　(2) **光合成**　(3) **ATP(アデノシン三リン酸)**　(4) **ADP(アデノシン二リン酸)**

基本問題　リードC

知 **10. 生物の特徴●**　次の文章中の空欄に当てはまる語句を，下の語群から選べ。

生物は種類や形，性質などがさまざまであるという(　①　)性をもっている。一方，生物は，からだがすべて(　②　)からできており，その中には遺伝情報として(　③　)をもつなど，(　④　)性ももっている。

〔語群〕 (ア) 共通　(イ) 多様　(ウ) 細胞　(エ) 核　(オ) DNA

知 **11. 生物の多様性と共通性●**　生物の形質が長い時間をかけて世代を重ねて変化していくことを(　①　)といい，その道筋を(　②　)という。次図のようにそれを図示したものを(　③　)という。

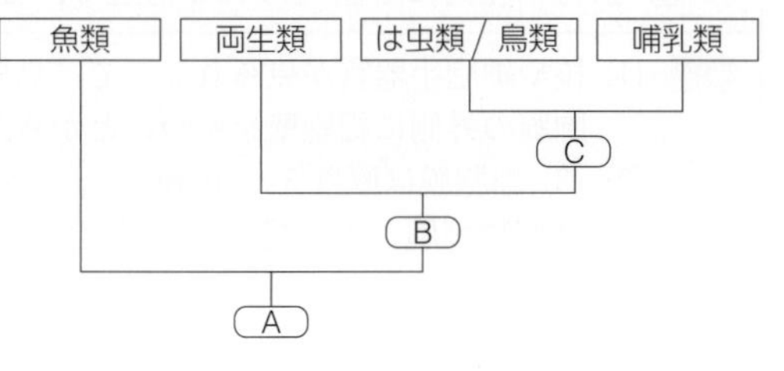

右図のAは(　ア　)の祖先となった動物と考えられる。Bは歩行のための(　イ　)をもつ動物の共通の祖先，Cは一生を通じて(　ウ　)呼吸を行う動物の共通の祖先と考えられる。

(1) 文章中の空欄①～③に適切な語句を入れよ。

(2) 文章中の空欄(ア)～(ウ)に適切な語句を，次の(a)～(d)から選べ。

(a) 脊椎動物　(b) 無脊椎動物　(c) 肺　(d) 四肢

知 **12. 生物の共通性①●**　次の文章中の空欄に当てはまる語句を，下の語群から選べ。

多種多様な地球上の生物も，共通したいくつかの特徴をもっている。例えば，生物のからだはすべて(　①　)からできている。遺伝情報を含む(　②　)が核膜に包まれている生物は(　③　)生物とよばれる。一方，核膜がない状態で(　②　)が細胞内に存在している生物を(　④　)生物という。(　②　)は細胞分裂の際に複製されて新しい細胞に分配される。そして，(　⑤　)細胞を通じて親から子へと受けつがれる。

生物は呼吸によって有機物を分解し，生物が生きていくために必要な(　⑥　)を取り出している。また，生命活動における(　⑥　)の受け渡しに(　⑦　)という物質が利用されていることも，すべての生物で共通した特徴である。

〔語群〕 原核　真核　DNA　細胞　生殖　ATP　エネルギー

知 **13. 生物の共通性②●**　次の①～④のうち，すべての生物が共通してもつ特徴として適当なものをすべて選べ。

① 遺伝情報を担う物質としてDNAをもつ。

② 生命活動に必要なエネルギーを得るため，光合成を行う。

③ 生命活動において，ATPによってエネルギーの受け渡しを行う。

④ 細胞内には，内部にDNAなどがある核が存在する。

知 **14. 細胞の基本構造●**　右図は，ある細胞の模式図である。

(1) 図の細胞は，動物細胞と植物細胞のうちどちらか。

(2) 図中の①～④の名称を答えよ。ただし，④は②や③の構造の間を満たす液状の部分である。

(3) 次の(ア)，(イ)の説明と最も関連の深いものを，それぞれ図中の①～④から1つずつ選べ。

(ア) 内部に染色体を含む。

(イ) 酸素を用いて有機物を分解し，エネルギーを取り出す。

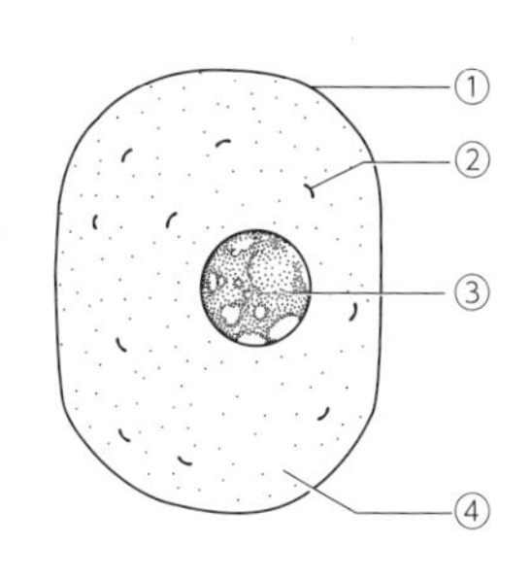

▷ p.17 例題3

知 **15. 細胞の構造とその特徴●**　右図は，ある細胞を光学顕微鏡で観察したときの模式図である。

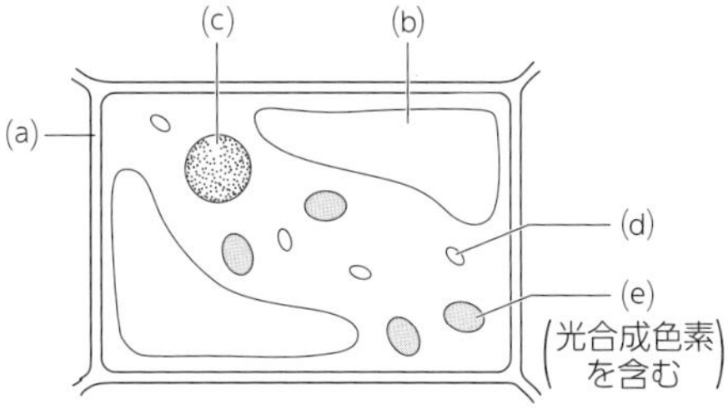

(a) (b) (c) (d) (e) （光合成色素を含む）

(1) 図中の(a)～(e)の各部の名称として適当なものを，次の語群から選べ。

［語群］　葉緑体　　細胞壁　　核　　ミトコンドリア　　液胞

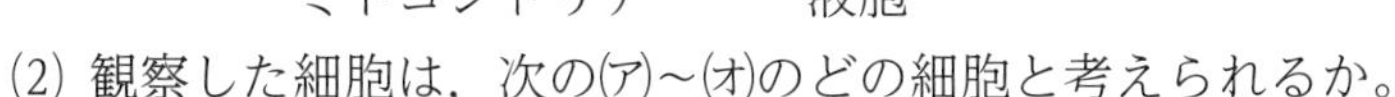

(2) 観察した細胞は，次の(ア)～(オ)のどの細胞と考えられるか。

(ア) タマネギのりん葉の表皮　(イ) 大腸菌　(ウ) オオカナダモの葉

(エ) ヒトの口腔上皮　(オ) ヒトの赤血球

(3) 図中の(a)～(e)の各部と関係の深い事項を，次の(ア)～(オ)から1つずつ選べ。

(ア) 染色体　(イ) 細胞の形の保持　(ウ) クロロフィル

(エ) アントシアン　(オ) 呼吸

▷ p.17 例題3

知 **16. 細胞の構造とはたらき●**　図は，植物細胞を光学顕微鏡で観察したものである。

(1) 図の(ア)～(カ)の各部の名称を記せ。

(2) 図の(ア)～(オ)の説明として<u>誤っているもの</u>を，次の①～⑤から1つ選べ。

① (ア)は，酸素の消費を伴って無機物を分解してエネルギーを取り出す。

② (イ)は張力や圧力に耐えられる構造をしており，細胞の形を保つ。

③ (ウ)は色素，有機物，無機塩類などを含み，細胞の成熟に伴い大きくなる。

④ (エ)は，遺伝物質であるDNAを含んでいる。

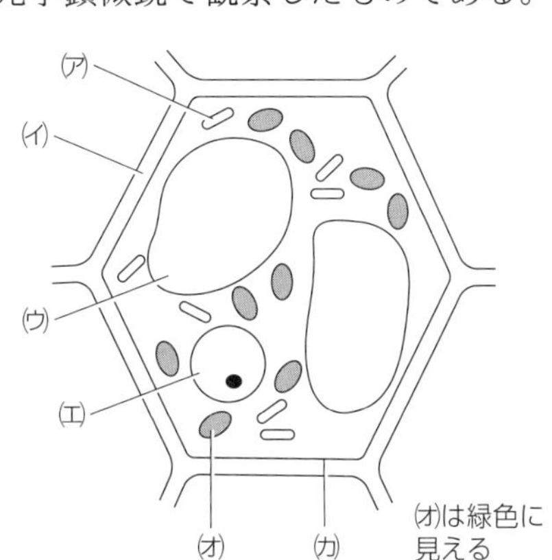

⑤ (オ)はクロロフィルを含み，二酸化炭素と水から有機物を合成する。

(3) 図の(ア)～(カ)のうち，動物細胞には存在しない構造を2つ選べ。

(4) 図の(ア)，(エ)，(オ)などの細胞小器官の間を満たしている液状の部分を何というか。

▷ p.17 例題3

知 **17. 細胞の種類●** 次の文章を読み，以下の問いに答えよ。

DNA が(　①　)に包まれておらず，ミトコンドリアや葉緑体などの細胞小器官をもたない細胞を(　②　)細胞とよぶ。また，核をもち，ミトコンドリアや葉緑体などの細胞小器官をもつ細胞を(　③　)細胞とよぶ。

(1) 文章中の空欄に適切な語句を入れよ。

(2) 次の(ア)～(エ)の中から，(　②　)細胞からなるものを 2 つ選べ。

(ア) オオカナダモ　(イ) ユレモ　(ウ) 乳酸菌　(エ) 酵母

(3) (2)の(イ)のような，葉緑体をもたないが光合成を行う生物のなかまを何というか。

知 **18. 原核細胞の構造●** 図は原核細胞の構造の模式図である。

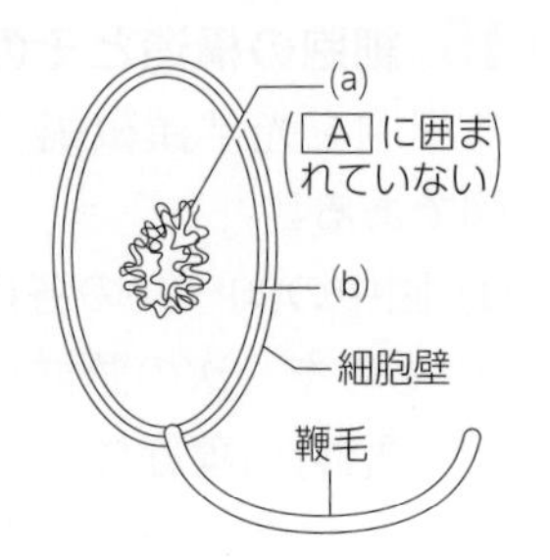

(1) 図中の(a)，(b)の名称を答えよ。

(2) 図中の空欄 A に当てはまる語句を答えよ。

(3) 原核細胞からなる生物を何というか。また，その例として適当なものを次の(ア)～(オ)からすべて選べ。

(ア) 酵母　(イ) 大腸菌　(ウ) ネンジュモ

(エ) ゾウリムシ　(オ) カナダモ

知 **19. 原核生物と真核生物●** 次の表は，大腸菌，肝臓の細胞(ネズミ)，葉肉細胞(サクラ)について，各構造体の有無を示したものである。以下の問いに答えよ。

	核	細胞膜	葉緑体
大腸菌	(ア)	(エ)	(キ)
肝臓の細胞	(イ)	(オ)	(ク)
葉肉細胞	(ウ)	(カ)	(ケ)

(1) 大腸菌，肝臓の細胞，葉肉細胞のうちいずれかは，核をもたない細胞である。核をもたない細胞を何というか。また，このような細胞からなる生物を何というか。

(2) 表の(ア)～(ケ)について，それぞれの構造体が存在する場合は＋，存在しない場合は－で答えよ。

知 **20. 細胞の構造●** 表は，5 種類の生物の細胞について，構造体(a)～(d)の有無を調べたものである。

	(a)	(b)	(c)	(d)
細胞①	＋	－	－	－
酵母	＋	－	＋	＋
葉肉細胞	＋	＋	＋	＋
乳酸菌	＋	－	＋	－
生物②	＋	－	＋	－

※＋は存在する，－は存在しないことを示す。

(1) (a)～(d)に該当する構造体を，次の(ア)～(エ)からそれぞれ 1 つずつ選べ。

(ア) 核膜　(イ) 細胞壁　(ウ) 葉緑体　(エ) 細胞膜

(2) 細胞①はヒトの細胞である。ヒトのどの部分の細胞か。適当なものを，次の(ア)～(エ)から 1 つ選べ。

(ア) 白血球　(イ) 赤血球　(ウ) 肝細胞　(エ) 神経細胞

(3) 生物②は，光合成によって無機物から有機物を合成することができる。この生物として適当なものを，次の(ア)～(オ)から 1 つ選べ。

(ア) ミカヅキモ　(イ) ネンジュモ　(ウ) ゾウリムシ　(エ) アメーバ　(オ) 大腸菌

知 **21. 代謝●** 次の文章中の空欄に適切な語句を入れよ。ただし，④と⑤については，適切なほうを選べ。

生体内で行われるさまざまな化学反応全体を（ ① ）といい，このうち複雑な物質を単純な物質に分解する過程を（ ② ），単純な物質から複雑な物質を合成する過程を（ ③ ）という。一般的に（ ② ）はエネルギーを{④ 放出 吸収}する反応，（ ③ ）はエネルギーを{⑤ 放出 吸収}する反応である。 ▷p.17 例題 4

知 **22. 代謝と ATP ●** 次の文章中の空欄に適切な語句を入れよ。

代謝に伴ってエネルギーの出入りが起こる。このエネルギーのやりとりの仲立ちとなる物質が（ ① ）である。（ ① ）は（ ② ）の略であり，（ ③ ）という塩基とリボースという糖と3個のリン酸からなる物質である。ATP が分解されて（ ④ ）とリン酸になるとき，リン酸どうしをつなぐ（ ⑤ ）結合とよばれる結合が切れて多量のエネルギーが放出され，さまざまな生命活動に利用される。 ▷p.17 例題 4

知 **23. ATP の構造●** 次の図は，ATP の構造を模式的に示したものである。

(1) 図中の(ア)，(イ)に該当する物質の名称を答えよ。

(2) 図中の(イ)どうしの結合を何というか。

(3) (2)の結合が切れて ATP から(イ)が1個離れると，ATP は何という物質になるか。

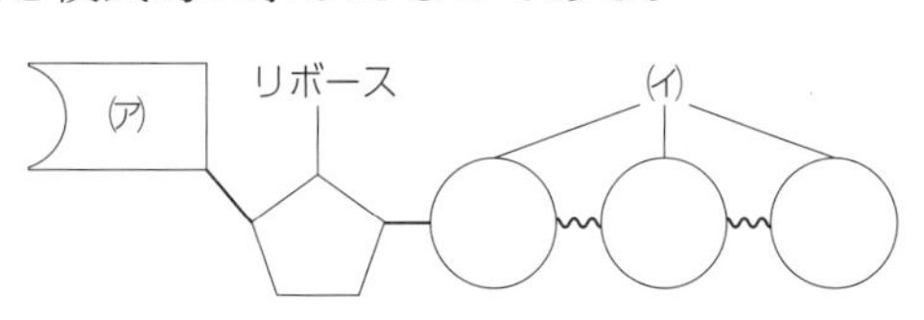

知 **24. 代謝とエネルギー●** 次の図は，代謝とエネルギーの移動を表したものである。

(1) 図の①の反応について，正しく述べられているものを，次の(a)～(d)の中から1つ選べ。

(a) 同化でエネルギーを吸収する。

(b) 異化でエネルギーを吸収する。

(c) 同化でエネルギーを放出する。

(d) 異化でエネルギーを放出する。

(ア)
(イ)
光
単純な物質
①
②
複雑な物質
(ウ)
(エ)
発熱
運動
合成
など
エネルギー

(2) 図の②の反応の具体例を1つあげよ。

(3) 図の(ア)～(エ)のうち，ATP を示しているものを2つ選べ。

(4) ATP の分子を構成している3種類の物質名を答えよ。 ▷p.17 例題 4

知 **25. エネルギーの変換●** 次の①～③の過程では，下の(a)～(d)のどのようなエネルギーの変換が行われるか。それぞれ1つずつ選べ。

① 光合成　② 筋肉運動　③ 呼吸

(a) 化学エネルギー→光エネルギー　(b) 光エネルギー→化学エネルギー

(c) 化学エネルギー→化学エネルギー　(d) 化学エネルギー→運動エネルギー

知 **26. 呼吸の反応①●** 次の文章を読み，以下の問いに答えよ。

生物が(　①　)を用いて有機物を分解し，エネルギーを取り出すはたらきを(　②　)という。このとき取り出されたエネルギーは，(　③　)という物質に蓄えられ，さまざまな生命活動に利用される。

(1) 文章中の空欄に適切な語句を入れよ。
(2) ②は，おもに何という細胞小器官で行われるか。
(3) 次の式は，②の反応を示したものである。空欄に適切な語句を入れよ。

(　④　) ＋ 酸素 → (　⑤　) ＋ 水

知 **27. 呼吸の反応②●** 図は，呼吸の反応を模式的に示したものである。

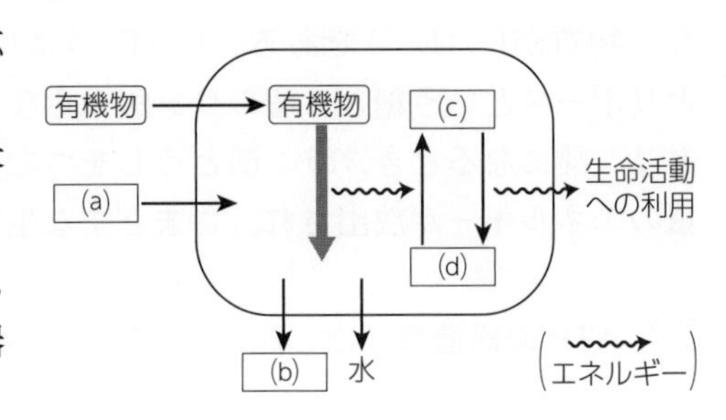

(1) 図中の(a)，(b)の物質名を，それぞれ答えよ。
(2) 図中の(c)，(d)のうち，ATP はどちらか。
(3) この反応は，おもに何という細胞小器官で行われるか。

知 **28. 光合成の反応①●** 次の文章を読み，以下の問いに答えよ。

生物が単純な物質を取りこみ，複雑な物質を合成するはたらきを(　①　)という。このうち，二酸化炭素を取りこみ，光エネルギーを利用してデンプンなどの有機物を合成する反応を(　②　)という。(　②　)では，吸収した光エネルギーによってまず(　③　)が合成され，この(　③　)のエネルギーを利用して，有機物がつくられる。

(1) 文章中の空欄に適切な語句を入れよ。
(2) ②は，何という細胞小器官で行われるか。
(3) 次の式は，②の反応を示したものである。空欄に適切な語句を入れよ。

二酸化炭素 ＋ (　④　) → 有機物 ＋ (　⑤　)

知 **29. 光合成の反応②●** 図は，光合成の反応を模式的に示したものである。

(1) 図中の(a)に入る語句を答えよ。
(2) 図中の(b)，(c)で示した無機物の名称を答えよ。
(3) 図中の(d)，(e)のうち，ATP はどちらか。
(4) この反応が行われる細胞小器官の名称を答えよ。
(5) (4)の細胞小器官は，ある色素を含むため緑色に見える。この色素の名称を答えよ。

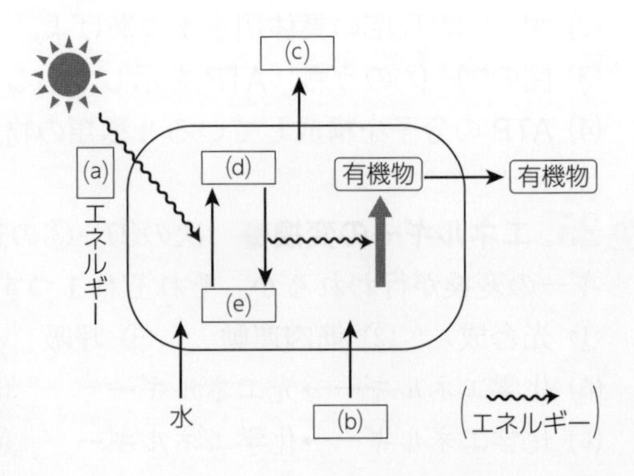

知 30. 光合成と呼吸●　光合成と呼吸について，以下の問いに答えよ。

(1) 次の(a)～(d)について，(ア) 一般的な動物で見られるもの，(イ) 一般的な植物で見られるものを，それぞれすべて選べ。

(a) 呼吸　(b) 光合成　(c) ATP の合成　(d) ATP の分解

(2) 次の(a)～(d)について，(ア) 光合成のみに見られる現象，(イ) 呼吸のみに見られる現象，(ウ) 光合成と呼吸の両方に見られる現象を，それぞれすべて選べ。

(a) 反応の進行に二酸化炭素が必要である。
(b) 反応の進行に酸素が必要である。
(c) 反応の進行に酵素が必要である。
(d) ATP を合成する反応が含まれる。

知 31. エネルギーの流れ①●　図は，植物および動物における代謝を模式的に示したものである。以下の問いに答えよ。

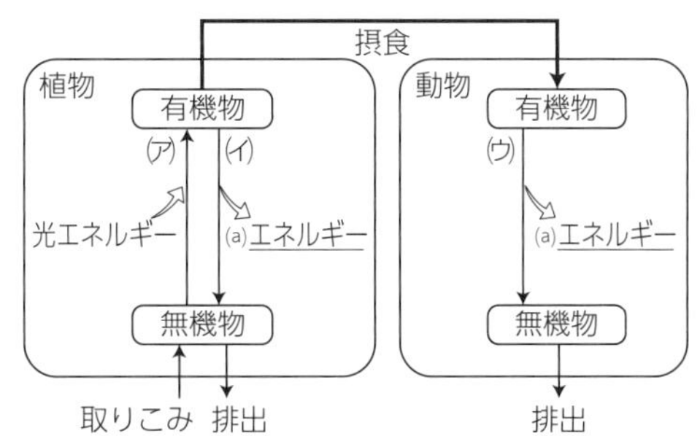

(1) 図中の(ア)～(ウ)の過程は同化と異化のどちらを示しているか。それぞれについて答えよ。

(2) 図中の(ア)のはたらきの具体例を 1 つ答えよ。

(3) 図中の下線部(a)のエネルギーの受け渡しを行う物質の名称を答えよ。

知 32. エネルギーの流れ②●　図は，代謝とエネルギーの流れを示したものである。これについて，以下の問いに答えよ。

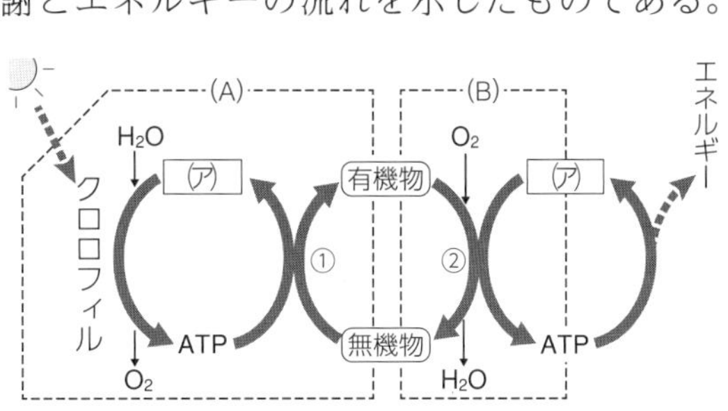

(1) 図の(A)の①の反応について正しいものを，次の(a)～(d)の中から 2 つ選べ。

(a) 同化　(b) 異化
(c) 吸エネルギー反応
(d) 発エネルギー反応

(2) 図の(B)の②の反応について正しいものを，(1)の(a)～(d)の中から 2 つ選べ。

(3) 図の①を含む(A)の反応，および②を含む(B)の反応をそれぞれ何というか。

(4) 図の物質(ア)は，ATP が分解されるときに多量のエネルギーを放出してできる物質であり，ATP ほどではないが高いエネルギーを保持している。この物質(ア)は何か。

(5) 図の(i) クロロフィルが吸収するエネルギー，および，(ii) ATP のもつエネルギーの形態は何か。次の(a)～(e)の中からそれぞれ 1 つずつ選べ。

(a) 熱エネルギー　(b) 機械的エネルギー　(c) 光エネルギー
(d) 電気エネルギー　(e) 化学エネルギー

知 **33. エネルギーの流れ③●** 図は，動物および植物における，エネルギーの流れを模式的に示したものである。

(1) 図の(A)，(B)は，それぞれ動物細胞，植物細胞のどちらを示しているか。

(2) 図の(a)，(b)の細胞小器官の名称をそれぞれ答えよ。

(3) 図の(ア)，(イ)の物質名をそれぞれ答えよ。

(4) 図のⅠ，Ⅱの反応をそれぞれ何というか。

(5) 図のⅠの反応によって合成される有機物を，次の①～④から1つ選べ。

① アントシアン　② リン酸　③ アミラーゼ　④ デンプン

知 **34. 酵素①●** 次の文章中の空欄に当てはまる語句を，下の語群から選べ。

それ自体は変化することなく化学反応を促進する物質を，一般に(　①　)という。このうち，生体内での代謝を促進する(　①　)を特に(　②　)といい，その主成分は(　③　)である。

細胞の中には，代謝の過程で生じる有害な過酸化水素の分解を促進する(　④　)とよばれる(　②　)がある。過酸化水素は室温でもゆっくりと分解して(　⑤　)と水になるが，(　④　)を含むブタの生の肝臓片を過酸化水素水に加えると，過酸化水素は急激に分解されて(　⑤　)を放出する。

〔語群〕 タンパク質　アミラーゼ　触媒　酵素
カタラーゼ　酸素　二酸化炭素

知 **35. 酵素②●** 次の文章を読み，以下の問いに答えよ。

化学反応を促進させるはたらきをもつが，それ自体は変化したり分解されたりしない物質を［　］という。生体内で［　］としてはたらく物質を酵素という。

(1) 文章中の［　］に入る適語を答えよ。

(2) 次の①～⑤の文章について，正しいものには○，誤っているものには×をつけよ。

① 酵素は反応の前後で変化するため，再利用されない。

② 酵素は，少量でも化学反応を進行させることができる。

③ 酵素は，タンパク質とDNAからできており，細胞内で合成される。

④ 酵素の中には，細胞外に分泌されてはたらくものがある。

⑤ ミトコンドリアには，呼吸の反応に関係する酵素が分布している。

知 36. 酵素のはたらき●　いくつかの試験管と次のようなA液とB液を用意し，図のようにA液(5 mL)を入れた後，B液(1 mL)を入れて反応を調べた。

B液 1mL
A液 5mL

A液：(ア) 蒸留水　(イ) 3％過酸化水素水　(ウ) スクロース溶液
B液：(エ) 肝臓抽出液　(オ) 蒸留水　(カ) 3％塩化ナトリウム水溶液

(1) 気体が発生するA液とB液の組み合わせとして正しいものを，A液は(ア)～(ウ)から，B液は(エ)～(カ)からそれぞれ1つずつ選べ。
(2) (1)のときに発生する気体は何か。
(3) (1)のときにはたらいている酵素の名称を答えよ。
(4) (1)の反応終了後，その試験管にある溶液を加えると，再度気体の発生が見られた。その溶液として適するものを，次の(a)～(d)の中から1つ選べ。
　(a) 肝臓抽出液　(b) 蒸留水　(c) 3％過酸化水素水　(d) 3％塩化ナトリウム水溶液
(5) (1)のときに用いたB液のかわりに，ある物質を入れたとき，同様の反応を示す物質を，次の(a)～(c)の中から1つ選べ。
　(a) 塩化ナトリウム　(b) グルコース　(c) 酸化マンガン(Ⅳ)

知 37. 酵素の性質●　図は，酵素がはたらくようすを模式的に示したものである。

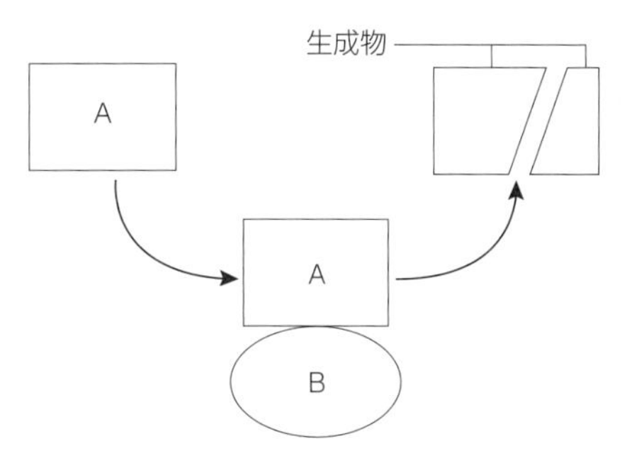

酵素は，特定の物質にしか触媒としてはたらかない。酵素がはたらく相手の物質を(　①　)といい，酵素反応によってつくられる物質を生成物という。酵素が特定の(　①　)としかはたらかない性質を(　②　)という。酵素は繰り返し(　①　)と反応することができる。

(1) 文章中の空欄に適切な語句を入れよ。
(2) 図のA, Bは，酵素と(　①　)を示している。酵素を示しているのはどちらか。

知 38. 酵素の分布●　細胞内ではたらく酵素は，細胞内に一様に分布しているのではなく，それぞれ特定の場所や細胞小器官に分布していることが多い。右図は，動物細胞と植物細胞を模式的に示した図である。

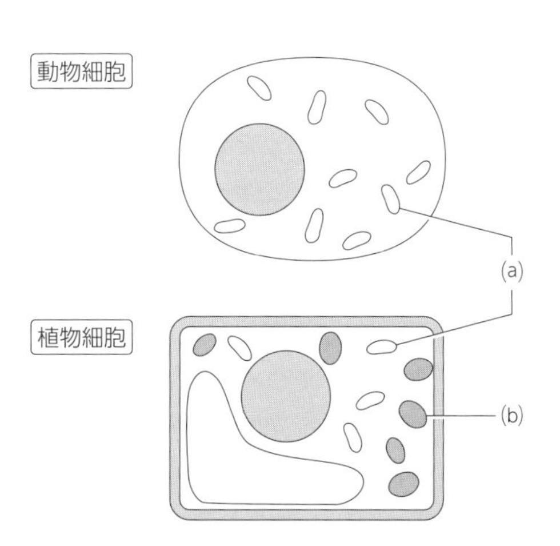

(1) 呼吸に関係する一連の酵素群は，図中の(a)，(b)のいずれに分布するか。
(2) (1)の細胞小器官の名称を答えよ。
(3) 光合成に関係する一連の酵素群は，図中の(a)，(b)のいずれに分布するか。
(4) (3)の細胞小器官の名称を答えよ。

第1章 生物の特徴

章末総合問題

リード C+　解説動画

知 **39.** **細胞に関する以下の問いに答えよ。**

生物の世界は多様性に富んでいるが，すべての生物に共通する特徴がある。次の図は，動物細胞と植物細胞の模式図である。これに関して，以下の問いに答えよ。

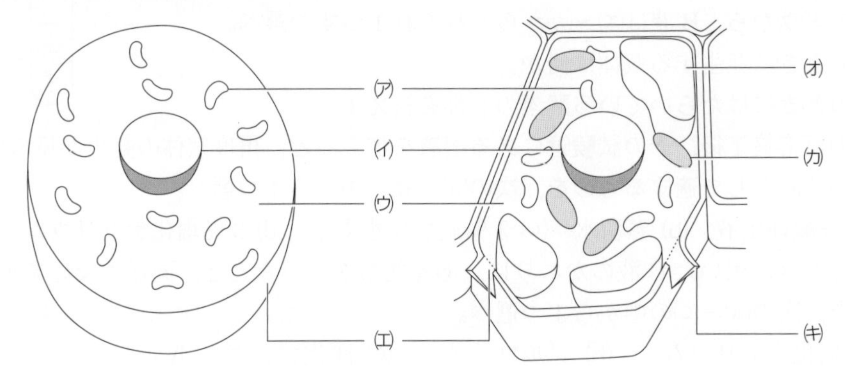

(1) 図中の(ア)～(キ)の各部の名称をそれぞれ答えよ。

(2) 細胞を特徴づける構造や細胞小器官のうち，植物細胞にあって，ふつう動物細胞にないものの名称を２つ答えよ。

(3) 図中の(ア)と(カ)の構造で行われるおもなはたらきを，それぞれ答えよ。

〔19 東京学芸大 改〕

知 **40.** **代謝に関する次の文章を読み，以下の問いに答えよ。**

代謝には同化と異化があり，同化は有機物を［ (ア) ］する反応，異化は有機物を［ (イ) ］する反応である。異化の代表的なものには①呼吸があり，呼吸の反応の大部分は②ミトコンドリアで進行する。エネルギーの出入りという面で見ると，同化は反応の進行に伴いエネルギーの［ (ウ) ］が起こるのに対し，異化は反応の進行に伴ってエネルギーの［ (エ) ］が起こる。エネルギーの受け渡しには，③ATP という物質が関与している。

(1) 文章中の空欄(ア)～(エ)に当てはまる語句を答えよ。

(2) 下線部①に関する説明として最も適当なものを，次の(a)～(c)の中から１つ選べ。
 (a) 熱エネルギーを光エネルギーに変換し，反応の進行に利用している。
 (b) 反応の進行に伴って酸素が消費される。
 (c) 反応の進行に伴って二酸化炭素が消費される。

(3) 下線部②に関する説明として最も適当なものを，次の(a)～(d)の中から１つ選べ。
 (a) 葉緑体とほぼ同じ大きさの細胞小器官である。
 (b) 細胞内にふつう１個見られる細胞小器官である。
 (c) 染色しても光学顕微鏡では観察することはできない。
 (d) 動物細胞と植物細胞に見られる細胞小器官で，酸素を使って有機物を分解して ATP を合成する。

(4) 下線部③に関して，図1は，アデニン，グルコース，リボース，リン酸の各分子のモデル図である。これらのモデル図を用いてATP分子の構造を示したものとして最も適当なものを，図2の(a)～(f)の中から1つ選べ。

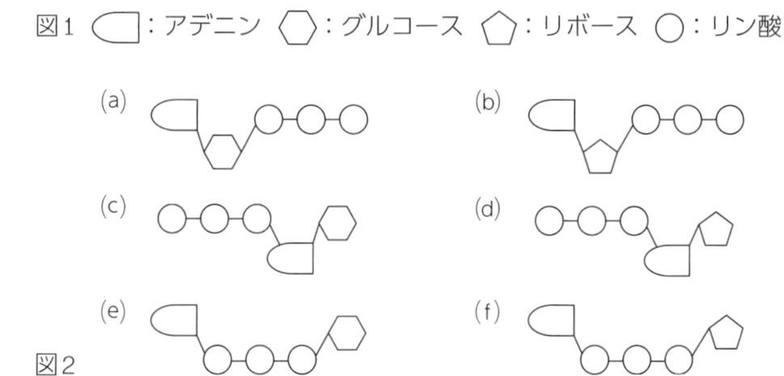

〔17 東京情報大 改〕

知 **41.** 次の文章を読み，以下の問いに答えよ。

薬緑体は［(ア)］の場である。［(ア)］ではまず，吸収した光エネルギーを利用して，ADPとリン酸から［(イ)］が合成され，合成された［(イ)］のエネルギーを利用して有機物が合成される。ミトコンドリアは，［(ウ)］にかかわる細胞小器官である。［(ウ)］では有機物が分解され，その際に取り出されたエネルギーによって［(イ)］がつくられる。この過程で，からだの外から取り入れた［(エ)］が用いられる。

(1) 文章中の空欄に適切な語句を答えよ。

(2) 葉緑体とミトコンドリアでは，おもにどのようなエネルギーの変換が行われるか。次の空欄(A)～(D)に適切な語句を答えよ。ただし，同じ語句をくり返し答えてもよい。

葉緑体：太陽の［(A)］エネルギー → 有機物中の［(B)］エネルギー

ミトコンドリア：有機物中の［(C)］エネルギー → ［(イ)］の［(D)］エネルギー

知 **42.** 酵素のはたらきに関する次の文章を読み，以下の問いに答えよ。

3％の過酸化水素水を傷口につけると激しく泡が出る。この泡は傷口の細胞が壊れて出た(　A　)という酵素のはたらきで生じたもので，泡のもととなった気体は(　B　)である。酵素にはいろいろな種類のものが存在し，触媒として生物の体内での化学反応を促進する役割をもっている。

(1) 文章中の空欄に当てはまる語句を答えよ。

(2) 酵素や触媒について述べた次の文章のうち，正しいものを2つ選べ。

① 反応を起こすのに必要なエネルギーを上昇させることで化学反応を促進する。

② 酵素は常温・常圧といったおだやかな条件下で化学反応を促進する。

③ 酵素は細胞内で合成され，細胞内でのみはたらく。

④ 化学反応を促進させると同時に触媒自身も変化を受けてしまうので，くり返し使うことができない。

⑤ 酵素は，ふつう複数の種類の基質と反応する。

⑥ 酵素はおもにタンパク質でできている。

〔15 山梨学院大 改〕

第2章 遺伝子とそのはたらき

1 遺伝情報と DNA

A 遺伝情報を含む物質－ DNA

(1) **遺伝情報とDNA**　生物がもつ形や性質などを**形質**といい，親の形質が子に伝わることを**遺伝**という。遺伝では生物の形質を決める**遺伝子**が親から子に伝わるため，親と子は似た形質をもつ。遺伝子の本体は **DNA**(**デオキシリボ核酸**)という物質である。

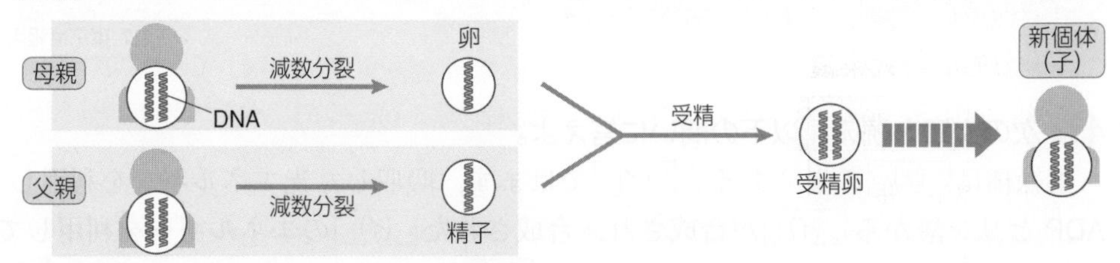

(2) **遺伝情報**　DNA がもつ情報を**遺伝情報**という。DNA には，その生物が個体を形成し，生命活動を営むのに必要な，さまざまな情報が含まれている。

B DNA の構造

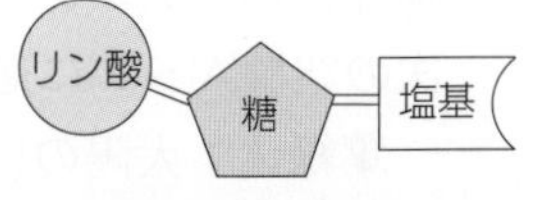

(1) **DNA の構成単位**　DNA は**リン酸・糖・塩基**からなる**ヌクレオチド**が多数結合してできており，ヌクレオチドが糖とリン酸の間で結合して鎖状につながったヌクレオチド鎖2本からなる。DNA を構成するヌクレオチドは，糖に**デオキシリボース**をもつ。また，塩基には**アデニン**(**A**)，**チミン**(**T**)，**グアニン**(**G**)，**シトシン**(**C**)の4種類がある。

(2) **塩基の相補性**　DNA の2本のヌクレオチド鎖は，内側に突き出た塩基どうしの間でゆるやかに結合(**水素結合**)し，さらに全体がねじれて**二重らせん構造**をしている。

　塩基どうしの結合では，A と T，G と C が特異的に結合し，**塩基対**をつくる。

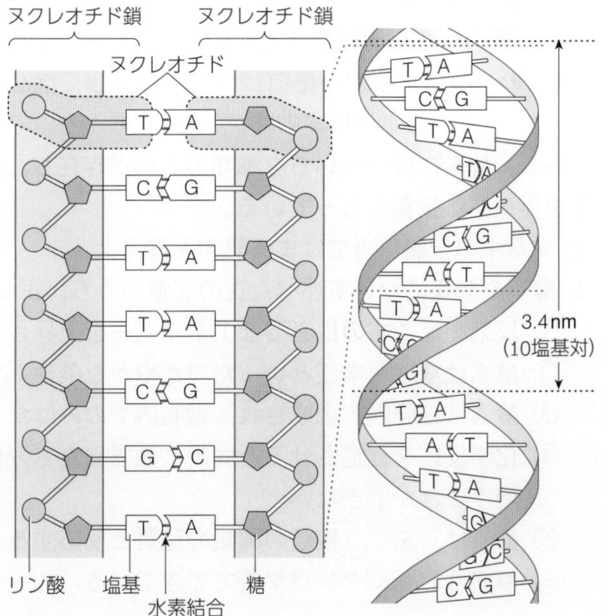

そのため，DNAの一方のヌクレオチド鎖の塩基の並び方が決まると，もう一方のヌクレオチド鎖の塩基の並び方も自動的に決まる。このような，塩基の互いに補いあう関係を塩基の**相補性**といい，これにより，1分子のDNAに含まれる塩基の数は，Aの数＝Tの数，Gの数＝Cの数となっている。

(3) **DNAと遺伝情報**　遺伝情報は，DNAを構成する4種類の塩基の並び順(**塩基配列**)に存在している。

C「遺伝子の本体」とDNAに関する探究の歴史

(1)「遺伝子の本体」についての探究

① おもな研究業績

年　代	人　物	業　績
1865年	メンデル	エンドウの交配実験をもとに遺伝の規則性を発見し，遺伝形質を規定する因子(遺伝子)の存在を示唆した。
1869年	ミーシャー	ヒトの白血球の核からDNAを発見した。
1903年	サットン	「遺伝子は染色体に存在する」という染色体説を提唱した。
1915年	モーガン	ショウジョウバエを用いて，遺伝子が染色体に存在することを明らかにした。
1928年	グリフィス	肺炎球菌の形質転換の前駆的研究を行った。
1944年	エイブリーら	肺炎球菌の形質転換を引き起こす物質がDNAであることを証明した。
1952年	ハーシー，チェイス	T_2ファージの大腸菌内での増殖によって，DNAが遺伝子の本体であることを証明した。

② グリフィスとエイブリーらによる肺炎球菌を使った探究

グリフィスの探究　肺炎球菌のうち非病原性のR型菌に，病原性のS型菌を加熱して殺したものを混ぜると，R型菌がS型菌の形質をもつように変化する**形質転換**という現象が起こることを発見した。

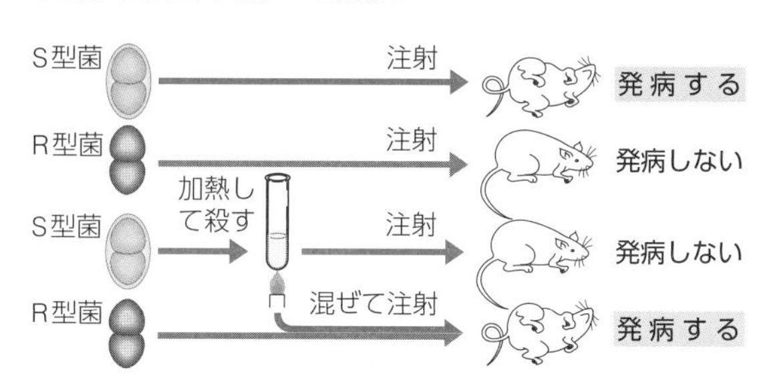

エイブリーらの探究　R型菌からS型菌への形質転換は，R型菌がS型菌のDNAを取りこむことによって起こることを明らかにした。

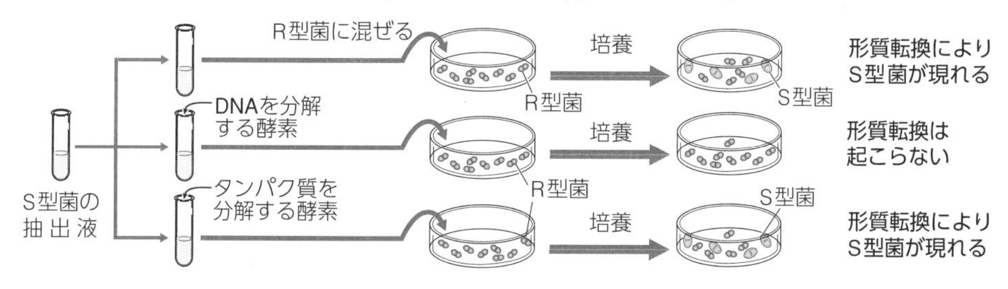

③ **ハーシーとチェイスの探究**　ウイルスの一種で大腸菌に寄生するT_2ファージの増殖過程を研究し，DNAが遺伝子の本体であることを証明した。

T_2ファージは大腸菌に寄生して菌体内で増殖し，菌体を破って多数の子ファージを放出するバクテリオファージである。このファージはDNAとそれを包むタンパク質の殻をもつ。P(リン)を含むがS(硫黄)を含まないDNAは^{32}Pで，Sを含むがPを含まないタンパク質は^{35}Sで標識することができる。標識したファージを大腸菌に感染させた後，かくはんして殻を振り落とし，遠心分離して大腸菌を集めるとその中からは^{32}Pだけが検出され，しばらくすると，菌体内からタンパク質の殻をもった完全な子ファージが誕生した。大腸菌内に入ったファージのDNAのみから完全な子ファージが生じたことから，遺伝子の本体はタンパク質ではなくDNAであることが証明された。

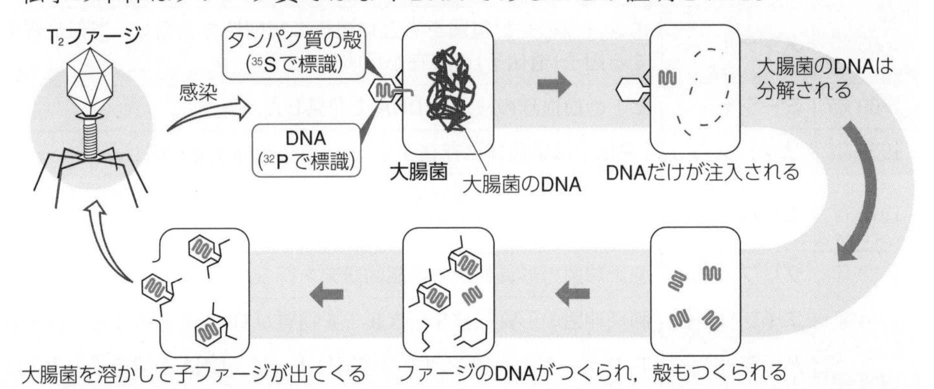

(2) **DNAの構造についての探究**

① **シャルガフの探究**

1949年にシャルガフらは，いろいろな生物のDNAについて，含まれる塩基AとT，GとCの数の割合がそれぞれ等しいことを示した(**シャルガフの規則**)。

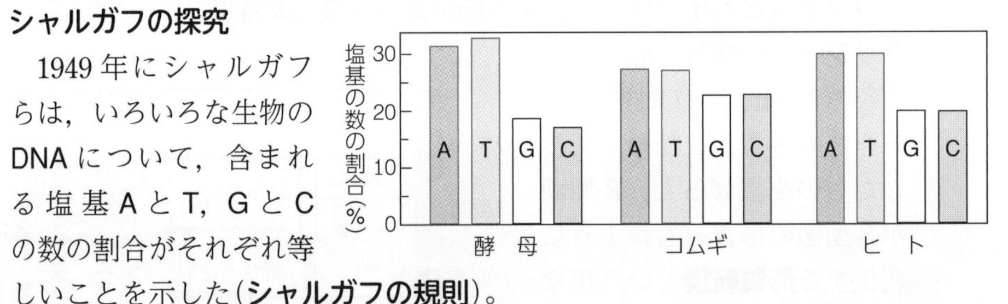

② **ウィルキンスとフランクリンの探究**　1950年代はじめにウィルキンスとフランクリンは，X線回折という方法を用いてDNAの構造を解明しようとした。X線回折像からは，DNAがらせん構造をしていることと，数本のヌクレオチド鎖からなることが推定された。

③ **ワトソンとクリックの探究**　1953年にワトソンとクリックは，それまでの研究成果を矛盾なく説明できるモデルとして，DNAの二重らせん構造モデルを提唱した。

補足　DNAの立体構造解明の業績によって，ワトソン，クリック，ウィルキンスは，1962年のノーベル生理学・医学賞を受賞した。

2 遺伝情報の複製と分配

A 遺伝情報の複製

(1) **細胞周期**　体細胞分裂をくり返す細胞は，DNAを複製する過程と，複製したDNAを2つの細胞に分配する過程をくり返している。この一連の周期を**細胞周期**という。

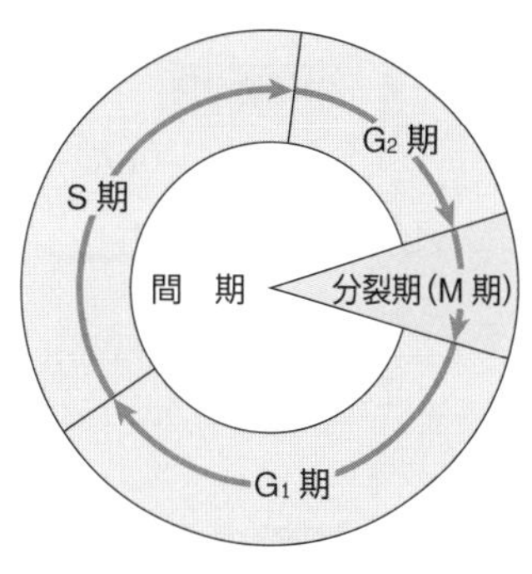

細胞周期は，G_1期(DNA合成準備期)，S期(DNA合成期)，G_2期(分裂準備期)，M期(分裂期)の4つの時期に分けられる。M期から次のM期までの間にあるG_1期，S期，G_2期をまとめて間期という。

(2) **DNAの複製**　もとのDNAとまったく同じDNAがつくられることをDNAの**複製**といい，S期に行われる。DNAの複製では，もとのDNAを構成する2本のヌクレオチド鎖それぞれを鋳型にして，相補的な塩基をもつヌクレオチドが結合していくことで新たなヌクレオチド鎖が合成される。このような複製方法を，**半保存的複製**という。

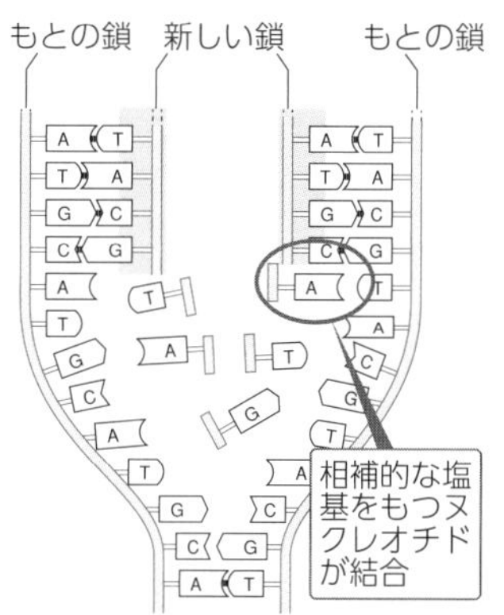

補足　メセルソンとスタールは，ふつうの窒素(^{14}N)を含む培地とそれよりも重い^{15}Nを含む培地で大腸菌の培養実験を行い，DNAの半保存的複製を証明した(1958年)。

B 遺伝情報の分配

(1) **DNAの分配と染色体の変化**　真核生物の細胞では，通常，DNAはタンパク質とともに糸状の染色体を形成し，核内で伸び広がっている。S期に複製されてできた2本のDNAは，くっついた2本の染色体を構成し，分裂期には染色体が何重にも折りたたまれて凝縮し，太いひも状となる。その後，染色体は分離し，正確に2つの細胞に分配される。

時期	間　期			分裂期			
	G_1期	S期	G_2期	前　期	中　期	後　期	終　期
染色体の変化		DNAの複製					
	糸状の染色体が核内で伸び広がっている			太いひも状の染色体となる ➡	染色体が赤道面に並ぶ ➡	染色体が分離し，移動する ➡	染色体は糸状にもどる

(2) **細胞周期とDNA量の変化**　DNAはS期に複製されて2倍になった後，娘細胞に分配されるので，体細胞分裂では，娘細胞1個当たりのDNA量は複製する前の母細胞のDNA量と変わらない。

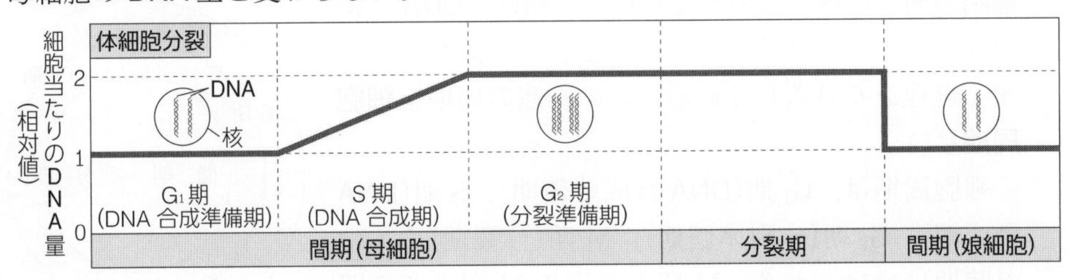

3 遺伝情報の発現

A 遺伝情報とタンパク質

(1) **生体ではたらくタンパク質**　生命活動の中心となってはたらいているのは，**タンパク質**である。タンパク質の種類は非常に多く，生体内でさまざまなはたらきをしている。

① **構造をつくる**　ミオシンとアクチン(筋細胞)，コラーゲン(皮膚や軟骨)など
② **物質輸送**　ヘモグロビン(酸素の運搬)，アクアポリン(水の通過)など
③ **情報伝達**　インスリンとその受容体(血糖濃度の調節)など
④ **酵素**　アミラーゼ(デンプン→麦芽糖)，カタラーゼ(過酸化水素→水＋酸素)など

(2) **タンパク質とアミノ酸**　タンパク質は多数の**アミノ酸**が鎖状につながってできた分子である。タンパク質を構成するアミノ酸には20種類あり，そのアミノ酸の種類や数，配列の順序によってさまざまなタンパク質ができる。

参考　**細胞を構成する物質**
細胞を構成する物質は多くの生物で共通しており，水，有機物，無機塩類などからなる。最も多く含まれるのは水である。
細菌や動物細胞の場合，有機物の中で最も多く含まれるのはタンパク質である。

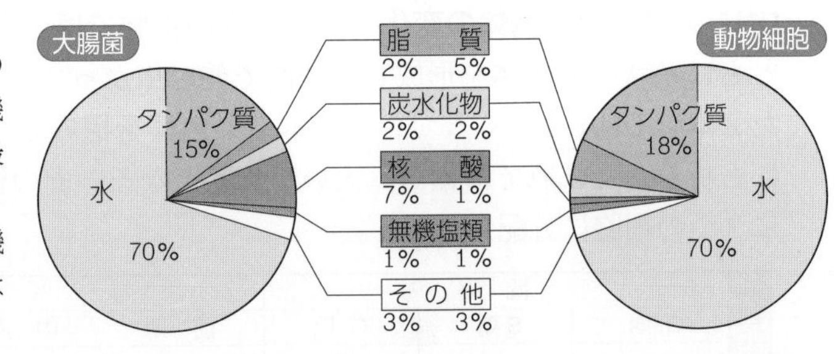

B タンパク質の合成

(1) **遺伝情報の流れ**　DNAの塩基配列のうちタンパク質をつくるための情報をもつ領域を遺伝子といい，遺伝子をもとにタンパク質が合成されることを，遺伝子が**発現**するという。遺伝子の発現は，**転写**(DNAの遺伝子の塩基配列がRNAに写し取られる過程)と**翻訳**(転写でできたRNAの塩基配列がアミノ酸配列に読みかえられる過程)の2段階からなる。

参考　クリックが提唱した，すべての生物において，遺伝情報はDNA→RNA→タンパク質と一方向に伝達されるという考え方を**セントラルドグマ**という。

(2) **RNAとそのはたらき**　**RNA(リボ核酸)**は，DNAのもつ遺伝情報をもとにタンパク質を合成する過程で重要なはたらきをする。RNAもDNAと同様にリン酸・糖・塩基が結合したヌクレオチドからなり，糖には**リボース**をもつ。塩基には**アデニン(A)**，**ウラシル(U)**，**グアニン(G)**，**シトシン(C)**の4種類がある。RNAはDNAとは異なり，チミン(T)をもたずUをもつ。

	DNA	RNA
糖	デオキシリボース	リボース
塩　基	A, T, G, C	A, U, G, C
存在場所	核(染色体)	核と細胞質
構　造	二重らせん構造	1本鎖

(3) **転写と翻訳**　① **転写**　DNAの二重らせんの一部がほどけ，一方の鎖が鋳型となり，その塩基配列に対応したRNAが合成される。

DNAの塩基に対してRNAの塩基はAにU，TにA，GにC，CにGが対応する。

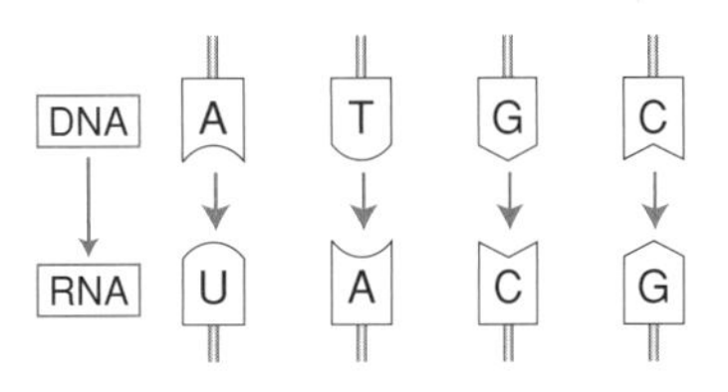

② **翻訳**　タンパク質の情報をもつRNAは**mRNA(伝令RNA)**とよばれる。mRNAの連続した塩基3個の配列が1つのアミノ酸を指定しており，この塩基3個の配列を**コドン**という。

tRNA(転移RNA)はmRNAのコドンに相補的な塩基3個の配列(**アンチコドン**)をもち，その末端で，アンチコドンに応じた特定のアミノ酸と結合することができる。

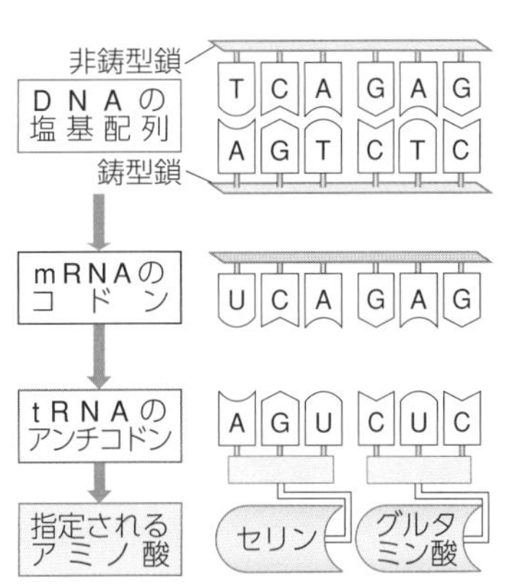

tRNAがアンチコドンの部分でmRNAのコドンに結合することで，コドンに対応したアミノ酸が配置される。配置されたアミノ酸は，その前に配置されていたアミノ酸と結合し，tRNAはmRNAから離れる。このくり返しによって，mRNAの塩基配列がアミノ酸配列に読みかえられ，タンパク質がつくられていく。

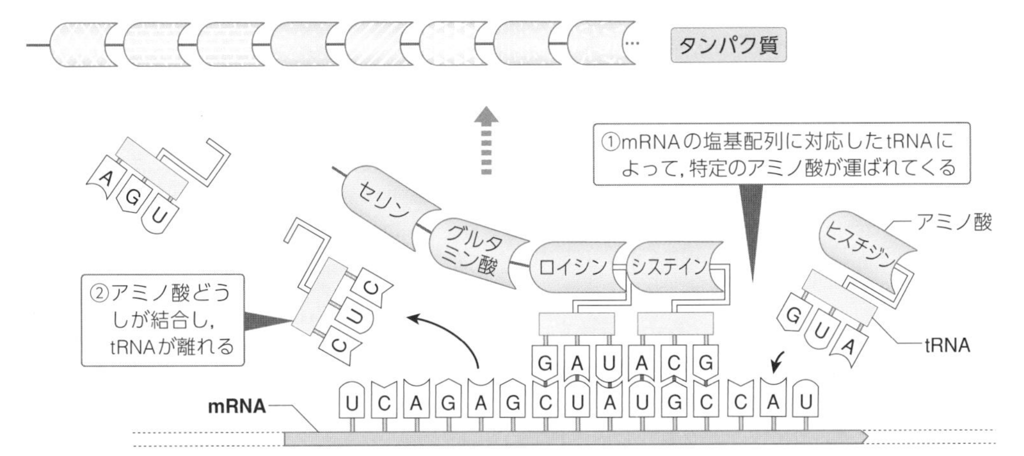

(4) **遺伝暗号表**　**コドン**によって指定されるアミノ酸は，下表のようにまとめられており，すべての生物で共通である。64通りのコドンに対して，コドンが指定するアミノ酸は20種類であり，ほとんどのアミノ酸は複数のコドンによって指定されている。

		2番目の塩基				
		U	C	A	G	
1番目の塩基	U	UUU, UUC: フェニルアラニン UUA, UUG: ロイシン	UCU, UCC, UCA, UCG: セリン	UAU, UAC: チロシン UAA, UAG: 終止コドン	UGU, UGC: システイン UGA: 終止コドン UGG: トリプトファン	U C A G
	C	CUU, CUC, CUA, CUG: ロイシン	CCU, CCC, CCA, CCG: プロリン	CAU, CAC: ヒスチジン CAA, CAG: グルタミン	CGU, CGC, CGA, CGG: アルギニン	U C A G
	A	AUU, AUC, AUA: イソロイシン AUG: (開始コドン) メチオニン	ACU, ACC, ACA, ACG: トレオニン	AAU, AAC: アスパラギン AAA, AAG: リシン	AGU, AGC: セリン AGA, AGG: アルギニン	U C A G
	G	GUU, GUC, GUA, GUG: バリン	GCU, GCC, GCA, GCG: アラニン	GAU, GAC: アスパラギン酸 GAA, GAG: グルタミン酸	GGU, GGC, GGA, GGG: グリシン	U C A G
						3番目の塩基

開始コドンは翻訳の開始を指定するコドンであり，
終止コドンは翻訳の終了を指定するコドンである。

発展　**タンパク質合成の詳しいしくみ**

① **転写とスプライシング**　真核細胞の場合，転写は核内で起こる。

DNAの二重らせんの一部がほどけ，一方の鎖を鋳型として，その塩基配列に対応したRNAのヌクレオチドが弱く結合する。さらに**RNAポリメラーゼ**(RNA合成酵素)が隣どうしのヌクレオチドを結合させることによってRNAが合成される。

真核細胞の遺伝子には，タンパク質の情報となる部分(**エキソン**)とタンパク質の情報とならない部分(**イントロン**)が含まれている。転写の際には，イントロンも含めた塩基配列がRNAに写し取られた後，RNAからイントロンの部分が取り除かれる。これを**スプライシング**という。スプライシングを受けた後のRNAをmRNAという。

② **翻訳**　核内で合成されたmRNAが核膜孔から細胞質中に出ると，mRNAにリボソームが付着する。リボソームはrRNAとタンパク質からなり，タンパク質合成の場となる構造体である。翻訳の過程は，mRNAとリボソーム，tRNAのはたらきで進む。

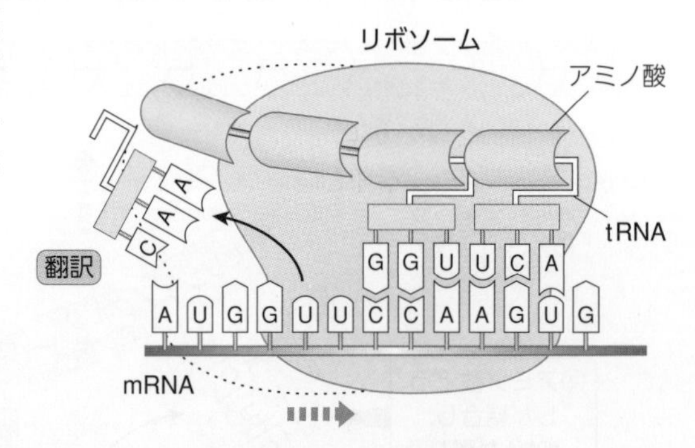

リボソームが付着したmRNAのコドンに，そのコドンに対応するアミノ酸をもったtRNAがアンチコドンの部分で結合する。これによってmRNAの塩基配列の指定通りのアミノ酸が運ばれる。隣りあったアミノ酸が互いにペプチド結合で結ばれると，リボソームが1コドン分移動し，tRNAは離れていく。この過程がくり返されてタンパク質が合成されていく。

C 分化した細胞の遺伝子発現

多細胞生物のからだを構成する細胞は，もとは1個の受精卵であり，これが体細胞分裂をくり返してできたものである。分裂してできた細胞が特定の形やはたらきをもった細胞に変化していくことを細胞の**分化**という。

赤血球
平滑筋細胞
吸収上皮細胞
リンパ球
骨細胞
ニューロン（神経細胞）

受精卵のもつ遺伝情報は，体細胞分裂によってからだを構成するすべての細胞に伝えられる。そのため，多細胞生物の体細胞はすべて同じ遺伝情報をもつ。しかし，分化した細胞では，それらの遺伝子の一部のみがはたらいている。つまり，組織や器官による発現する遺伝子の違いが，つくられるタンパク質の違いとなり，各細胞の違いにつながっている。

S 期
G_2 期
間　期
分裂期（M 期）
G_1 期
G_0 期

参考　分化した細胞の中には細胞分裂を行わないものがあり，これらの細胞は G_0 期とよばれる休止期に入っている。

参考　**唾腺染色体と遺伝子発現**

ショウジョウバエの幼虫の唾腺細胞には，**唾腺染色体**とよばれる通常の100～150倍の大きさの巨大染色体が存在する。この染色体には酢酸カーミンなどでよく染まるしま模様があり，ところどころに**パフ**とよばれる膨らみがある。この部分では転写が盛んに行われている。

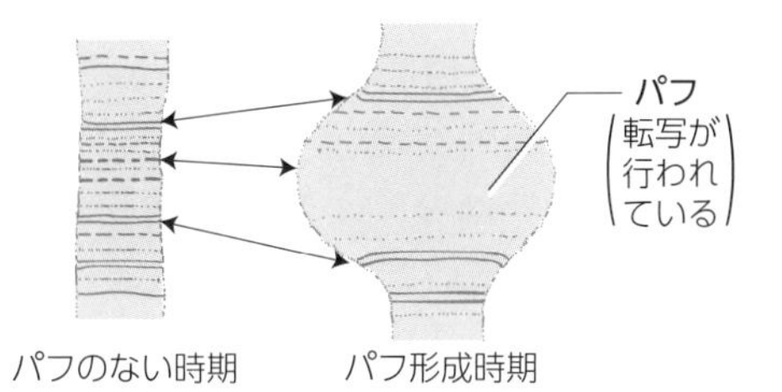

発展　ショウジョウバエでは，発生段階に応じてパフの位置が変わることが知られており，発生段階に応じて発現する遺伝子が変化することがわかる。

発展　**分化した細胞の遺伝情報についての研究の歴史**

① **核移植実験**　ガードンは，アフリカツメガエル（野生型）の未受精卵に紫外線を照射して核を不活性化し，この卵に別のアフリカツメガエル（白化個体）の上皮細胞の核を移植した。すると，この卵から生じたカエルは核を提供した個体と同じ白化個体となった。この実験によって，分化した細胞にも受精卵と同様にからだをつくるすべての遺伝情報があることが示された。

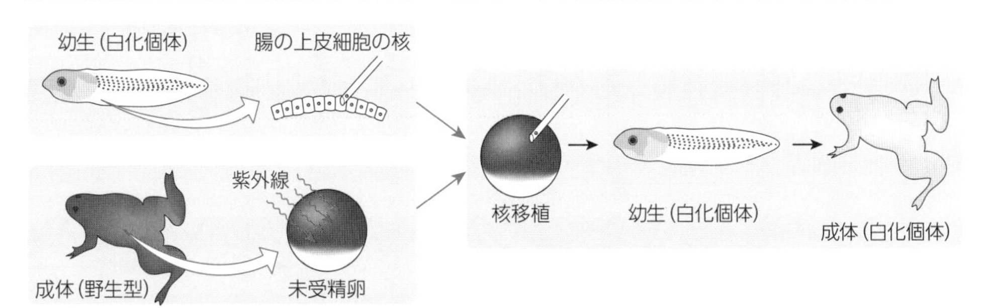

しかし，分化した細胞を取り出して培養しても個体を形成することはできない。これは分化に伴って，不要な遺伝子は発現しないようにロックされるからである。一方，受精卵は，個体を構成するすべての細胞をつくり出す能力をもっており，この性質を**全能性**という。

② **ES細胞とiPS細胞**　**ES細胞**(胚性幹細胞)は，さまざまな細胞に分化する能力を維持しながら増殖できる細胞である。しかし，ES細胞を得るためには成体になるはずの胚を壊さなければならないため，倫理的な問題が指摘されている。山中伸弥らは，分化した細胞に複数の遺伝子を導入することにより，さまざまな細胞に分化する能力をもつ細胞を作製することに成功し，これを**iPS細胞**(人工多能性幹細胞)と名づけた。iPS細胞は体細胞を用いて作製できるため，倫理的な問題を回避することができ，再生医療などへの応用が期待されている。

補足　これらの業績により，ガードンと山中伸弥は，2012年ノーベル生理学・医学賞を受賞した。

D 遺伝情報と遺伝子，ゲノム

(1) **ゲノム**　体細胞に含まれている，大きさと形の等しい対になる2本の染色体を**相同染色体**という。相同染色体は父親由来の染色体と母親由来の染色体からなる。相同染色体のどちらか一方の組に含まれるすべての遺伝情報を**ゲノム**という。ゲノムには，その生物が個体を形成し，生命活動を営むのに必要な一通りの遺伝情報が含まれている。

(2) **ゲノムと遺伝子の関係**　ゲノムの大きさ(ゲノムサイズ)は，塩基対の数で表される。

ゲノムを構成するDNAのすべての塩基配列が遺伝子としてはたらくわけではなく，個々の遺伝子はゲノムを構成するDNAのごく一部である。ヒトの場合，ゲノムは約30億個の塩基対からなるが，遺伝子の数は約20500個であり，タンパク質のアミノ酸配列を指定している部分は約4500万塩基対と推定されている。これはヒトゲノム全体の1％程度にすぎない。

生物名	ゲノムの大きさ（塩基対数）	遺伝子数
大腸菌	460万	4400
酵　母	1200万	6300
ショウジョウバエ	1億6500万	14000
ヒ　ト	30億	20500

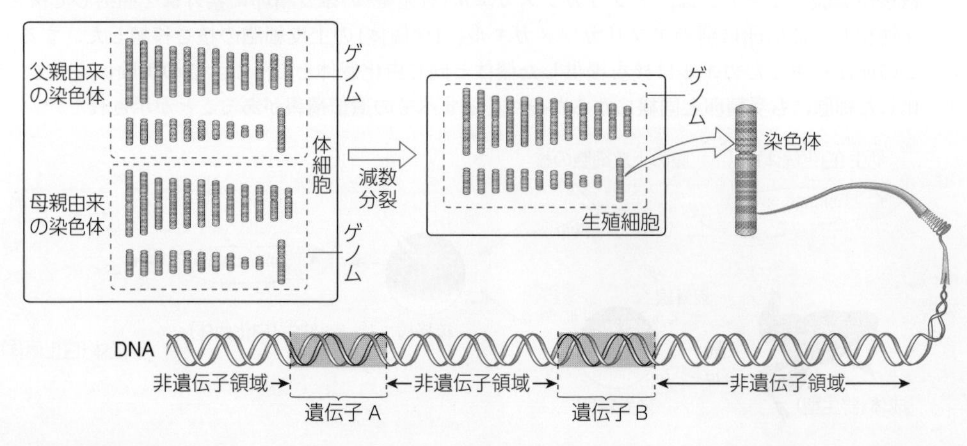

用語CHECK

◉一問一答で用語をチェック◉

問題	解答欄
① DNAはある構成単位が多数鎖状に結合してできた高分子化合物である。この構成単位を何というか。	①
② リン酸・糖とともに，①の単位を構成する成分は何か。	②
③ DNAを構成する②はアデニン，グアニン，シトシンと何か。	③
④ 2本のヌクレオチド鎖からなる，DNAの立体構造を何というか。	④
⑤ DNAにおいては，4種類の②の並び方が遺伝情報を担っている。この②の並び方を何というか。	⑤
⑥ 体細胞分裂をくり返す細胞では，DNAの複製と複製されたDNAの分配が周期的にくり返される。この周期を何というか。	⑥
⑦ ⑥のうち，DNAが2つの細胞に分配される時期を何というか。	⑦
⑧ 2本のヌクレオチド鎖のそれぞれを鋳型として，新たにもう一方の鎖がつくられるようなDNAの複製方法を何というか。	⑧
⑨ DNAとタンパク質からなり，細胞分裂のときに太いひも状になる構造を何というか。	⑨
⑩ DNAの一方の鎖が鋳型となり，その塩基配列に相補的な配列をもつRNAがつくられる過程を何というか。	⑩
⑪ ⑩の過程を経てできた，タンパク質のアミノ酸配列の情報をもつRNAを何というか。	⑪
⑫ ⑪の塩基配列がアミノ酸配列に読みかえられる過程を何というか。	⑫
⑬ 1個のアミノ酸を指定する，⑪の連続した塩基3個の配列を何というか。	⑬
⑭ tRNAがもっている⑬に相補的な塩基3個の配列を何というか。	⑭
⑮ ⑫の開始を指定する，連続した塩基3個の配列を何というか。	⑮
⑯ 特定の遺伝子が発現することで,細胞が特定の構造や機能をもった細胞に変化していくことを何というか。	⑯
⑰ ある生物において，相同染色体のどちらか一方の1組に含まれるすべての遺伝情報を何というか。	⑰

解答

① ヌクレオチド　② 塩基　③ チミン　④ 二重らせん構造　⑤ 塩基配列　⑥ 細胞周期
⑦ M期(分裂期)　⑧ 半保存的複製　⑨ 染色体　⑩ 転写　⑪ mRNA(伝令RNA)　⑫ 翻訳
⑬ コドン　⑭ アンチコドン　⑮ 開始コドン　⑯ (細胞の)分化　⑰ ゲノム

例題 5 DNA の構造

解説動画

DNA の塩基には A，T，G，C の 4 種類があり，A は(^{ア}　　)と，G は(^{イ}　　)と対を形成している。いま，2 本のヌクレオチド鎖からなる，<u>ある DNA 1 分子を調べると，全塩基中 T が 35 % を占めていた</u>。

(1) 文章中の空欄に適当な語句を記せ。ただし，塩基の記号でなく，名称で記せ。

(2) DNA の一方の鎖の塩基配列が TACTGGG のとき，対になる鎖の塩基配列を示せ。

(3) 下線部の DNA では，A，G，C それぞれの塩基が占める割合(%)はいくらか。

指針 (1) DNA の構成単位はリン酸と糖(デオキシリボース)と塩基からなるヌクレオチドである。向かいあって並ぶ 2 本のヌクレオチド鎖の間では，A と T，G と C が相補的に結合している。

(2) 一方の鎖の塩基配列と相補的な塩基配列が，対になる鎖の塩基配列となる。

(3) DNA 中の塩基の割合は，A ＝ T，G ＝ C である。T が 35 % なので，それと相補的に結合する A も 35 % であることがわかる。A と T を除いた 30 % が G と C の合計となる。G と C も相補的に結合しているので，それぞれ 15 % ずつとわかる。

解答 (1) **(ア) チミン　(イ) シトシン**　(2) **ATGACCC**　(3) **A…35 %，G…15 %，C…15 %**

例題 6 体細胞分裂と細胞周期

解説動画

次の図 1 は，すべての細胞の細胞周期が同じで，非同調分裂している分裂組織に見られるいろいろな段階の図と各段階の観察された細胞数である。また，図 2 は分裂周期における細胞 1 個当たりの DNA 量の変化を示したものである。

図 1

A

B

C

D

E

(細胞数)	A	B	C	D	E
	324 個	3 個	22 個	7 個	4 個

(1) 図 1 の A から分裂していく順に並べよ。

(2) 細胞周期が 20 時間とすると，間期の長さは何時間か。

(3) 細胞周期のうち，図 2 の②の時期を何というか。またこの時期は，図 1 の A ～ E のどの時期に該当するか。

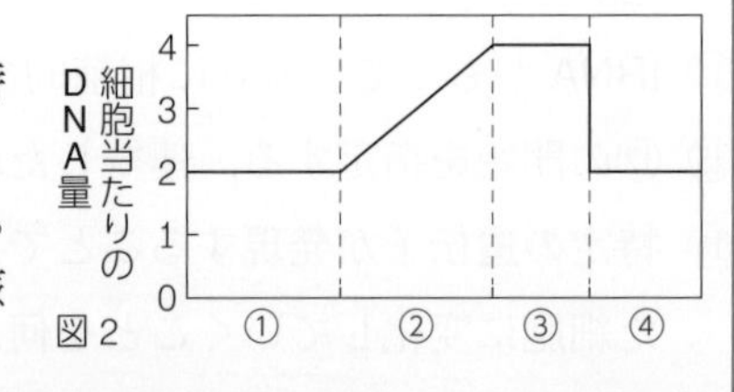

図 2

指針 (1) A は間期(G_1，S，G_2 期を含む)，B は後期，C は前期，D は終期，E は中期である。

(2) 非同調分裂のとき，細胞周期に対する各期の長さの割合は，全細胞数に対する各期の細胞数の割合に等しい。この関係を用いて計算する。

(3) ②は DNA 量が増えているので，間期の S 期(DNA 合成期)である。

解答 (1) **A → C → E → B → D**　(2) **20 時間 × $\dfrac{324 \text{ 個}}{(324+3+22+7+4) \text{ 個}}$ ＝ 18 時間** 答

(3) **S 期(DNA 合成期)，A**

基本問題　リード C

知 43. 遺伝情報を担う物質●　次の文章を読み，以下の問いに答えよ。

すべての生物では，生物の形質を決める(　①　)が親から子へ伝えられる。この(　①　)の本体は(　②　)という物質である。(　②　)は，(　③　)分裂によって細胞から細胞へと引き継がれ，(　④　)分裂によってつくられた卵や精子などの(　⑤　)細胞によって親から子へ受け継がれる。(　①　)がもつ，親から子へ受け継がれる情報を(　⑥　)という。

(1) 文章中の空欄に当てはまる適切な語句を次の(ア)～(キ)から選び，記号で答えよ。
(ア) 体細胞　(イ) 減数　(ウ) 生殖　(エ) RNA
(オ) DNA　(カ) 遺伝子　(キ) 遺伝情報

(2) (　②　)に当てはまる物質名を，日本語で略さずに答えよ。

知 44. DNA の抽出実験●　冷凍したブロッコリーの花芽の部分から DNA を取り出すため，花芽の部分をハサミで切り取り，(a)乳鉢でよくすりつぶした。これに(b)DNA 抽出液を加えて乳棒で静かにかき混ぜ，ガーゼでろ過した。ろ液に同量の冷やしたエタノールを静かに加えると，ろ液とエタノールの境界面に(c)繊維状の物質が確認できた。

(1) 文章中の下線部(a)で，花芽を乳鉢でよくすりつぶす理由として適当なものを選べ。
① 細胞を破砕して DNA を抽出しやすくするため。　② 細胞を活性化するため。

(2) 文章中の下線部(b)の液として適当なものを選べ。
① スクロース溶液　② 15 %食塩水に中性洗剤を混ぜた液

(3) 文章中の下線部(c)について，繊維状の物質に DNA が含まれていることを確認するのに用いる試薬として適当なものを選べ。
① ヨウ素溶液　② 酢酸オルセイン液　③ ヤヌスグリーン

知 45. DNA の構成単位●　図は DNA を構成する単位を示した模式図である。

(1) 図の(a)～(c)に当てはまる名称を，次のうちからそれぞれ選べ。ただし，(a)の部分はリンを含む。
① 塩基　② 糖　③ リン酸

(2) DNA がもつ糖の名称を答えよ。

(3) 図の(c)の部分は 4 種類あり，A・T・G・C で表される。それぞれの名称を答えよ。

知 46. DNA の構造①●　図は DNA の構造の一部を模式的に示したものである。

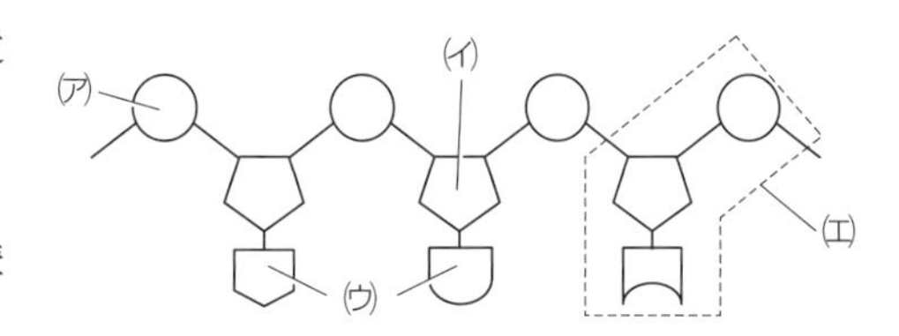

(1) 図中の(ア)～(ウ)の物質の名称を答えよ。

(2) 破線で囲まれた(エ)の部分は，DNA の構成単位である。この部分を何というか。

知 **47. DNAの構造②●** 次の文章を読み，以下の問いに答えよ。

DNAのヌクレオチドを構成する塩基には，A・T・G・Cの4種類がある。DNAが二重らせん構造をとる際，塩基どうしが結合する組み合わせは，Aと(　①　)，Gと(　②　)と決まっている。

DNAを構成する2本のヌクレオチド鎖は，一方の鎖の塩基の並び方が決まれば，もう一方も自動的に決まる。このような塩基の互いに補いあう関係を，塩基の(　③　)性という。

(1) 文章中の空欄に適切な語句を入れよ。なお，①，②は塩基の記号で答えよ。
(2) DNA全体に含まれるAと(　①　)の数の割合の関係として適切なものを選べ。
　(ア) A ＞(　①　)　　(イ) A ＝(　①　)　　(ウ) A ＜(　①　)
(3) DNAの一方のヌクレオチド鎖の塩基配列の一部がATTGCATGGであったとすると，それに対応するもう一方のヌクレオチド鎖の塩基配列はどのようになるか。

知 **48. DNAの構造③●** 図は，DNAの構造を模式的に示したもので，4種類の塩基をA・T・G・Cの記号で表してある。

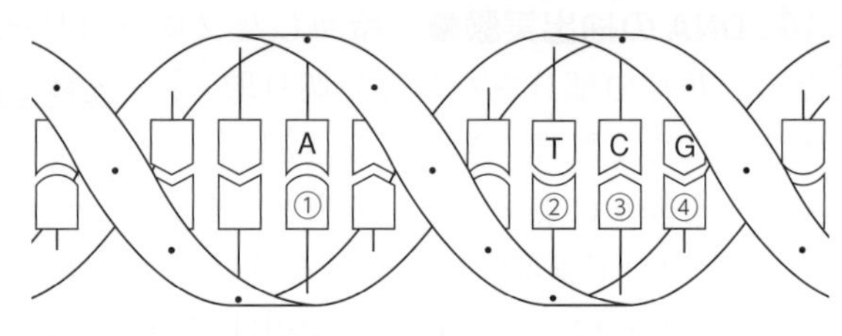

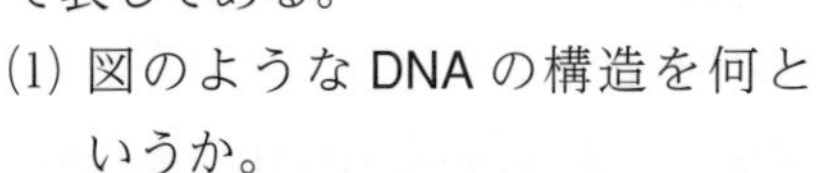

(1) 図のようなDNAの構造を何というか。
(2) 図中の①～④に当てはまる塩基を，それぞれA・T・G・Cの記号で示せ。
(3) A・T・G・Cの4種類の塩基の並ぶ順序を何というか。
(4) 2本鎖のDNAに含まれる塩基の数について，常に成り立つのは次の①～③のうちどれか。
　① A＝T＝G＝C　　② A＝T，G＝C　　③ A＝G，T＝C
(5) あるDNAに含まれるそれぞれの塩基の割合を調べたところ，Aの割合が20％であった。このとき，T，G，Cの割合はそれぞれ何％になるか。 ▷p.38 例題5

知 **49. DNAと塩基の割合●** 表は，3種類の生物のDNAを構成する塩基(A・T・G・C)の割合を調べた結果である。

生物名	塩基(全塩基に占める割合)			
	A	G	(ア)	(イ)
結核菌	15.1	34.9	35.4	14.6
酵母	31.7	18.3	17.4	(ウ)
ウシ	29.0	(エ)	21.2	28.7

(1) 表中の(ア)，(イ)に当てはまる塩基をそれぞれ記号で答えよ。
(2) 表中の(ウ)，(エ)に最も適当な数値を，次の(a)～(f)の中からそれぞれ1つずつ選べ。
　(a) 14.4　(b) 20.0　(c) 21.2
　(d) 24.6　(e) 28.8　(f) 32.6
(3) DNAでは，一方のヌクレオチド鎖の塩基配列が決まると，もう一方のヌクレオチド鎖の塩基配列も決まる。このような，塩基の互いに補い合う関係を何というか。

知 **50. 肺炎球菌を用いた実験●** 次の文章を読み，以下の問いに答えよ。

肺炎球菌には，さやをもつ病原性のS型菌と，さやをもたない非病原性のR型菌がある。(　a　)は，S型菌を加熱殺菌したものと生きたR型菌とを混ぜてマウスに注射すると，マウスは発病して死に，その血液中から生きた(　ア　)型菌が見つかることを発見した。その後，(　b　)らは，S型菌の抽出液をR型菌に混ぜて培養するとS型菌が出現すること，このとき，DNA分解酵素またはタンパク質分解酵素で処理してから培養すると，(　イ　)で処理したときだけS型菌が出現しないことを発見した。このような実験から，遺伝子の本体は(　ウ　)であることが強く示唆された。

(1) 文章中の空欄(ア)～(ウ)に適する語句を答えよ。
(2) 文章中の空欄(a)，(b)に当てはまる人物名を次の中から選べ。
　① エイブリー　② グリフィス　③ ワトソン　④ クリック　⑤ ハーシー
(3) 文章中の下線部では，R型菌がS型菌に変化したと考えられた。このような現象を何というか。

知 **51. 細胞周期●** 細胞では，DNAが正確に複製される過程と，複製されたDNAが2つの細胞に均等に分配される過程が周期的にくり返されている。この周期を(　ア　)という。(　ア　)のうち，DNAが複製される時期を(　イ　)期といい，DNAが2つの細胞に均一に分配される時期を(　ウ　)期という。

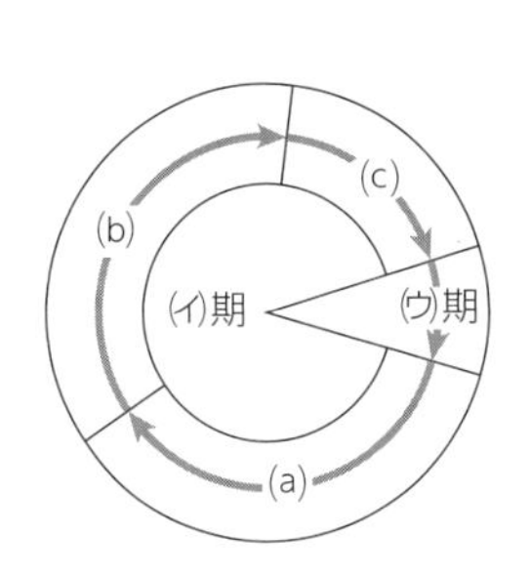

(1) 文章中の空欄(ア)～(ウ)に適切な語句を入れよ。
(2) (イ)期は，右図のようにさらに(a)～(c)の時期に分けられる。各時期の名称を下から選べ。
　〔語群〕 S期　G_1期　G_2期
(3) DNAの複製が行われるのは，図の(a)～(c)のうちどの時期か。

知 **52. DNAの複製●** 図は，DNAの複製過程を示したものである。

DNAが複製されるときには，まずDNAを構成する2本の(　①　)鎖が1本ずつにわかれる。わかれた(　①　)鎖のそれぞれが鋳型となり，鋳型鎖の塩基に(　②　)的な塩基をもつヌクレオチドが結合していくことで，もう一方の新しい鎖がつくられる。このようなDNAの複製方法を(　③　)複製という。

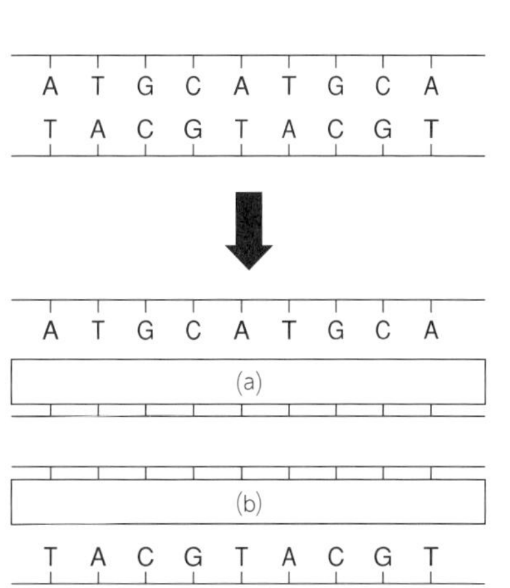

(1) 文章中の空欄に適当な語句を記入せよ。
(2) 図のようにDNAが複製されたとき，複製後のヌクレオチド鎖(a)，(b)の塩基配列をそれぞれ答えよ。

知 **53. 細胞周期と染色体●**　図1はG_1期のある細胞とその染色体を模式的に示したものである。

染色体

図1

(1) 染色体を構成する物質を2つ答えよ。

(2) 次の①～③の時期の染色体として適当な図を，図2の(A)～(C)から選べ。

① G_2期　② M期の中期

③ M期の後期

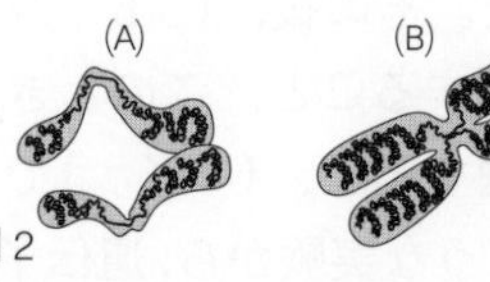

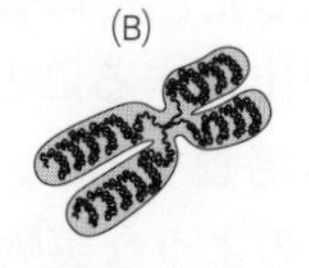

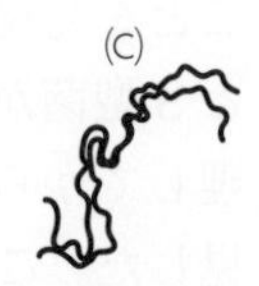

図2

(3) ある組織の細胞を観察したところ，間期の細胞の数と分裂期の各時期にある細胞の数は，表のようになった。この細胞の細胞周期が20時間とすると，間期の時間は何時間か。ただし，観察したすべての細胞が細胞周期にあるものとする。

	間期	前期	中期	後期	終期
細胞数	65	18	8	5	4

▶p.38 例題6

知 論 **54. 体細胞分裂の観察●**　ある植物の種子を発芽させ，根の先端部分を切り取って①酢酸・アルコール混液に浸した。これを②60℃のうすい塩酸に5分浸した後，③酢酸オルセイン液を滴下して染色し，カバーガラスをかけて押しつぶして根端分裂組織の細胞を観察した。図は，一視野内で観察された細胞を示している。

(1) 下線部①および②の処理をそれぞれ何というか。次の中から選び，記号で答えよ。

(a) 染色　(b) 解離　(c) 固定　(d) 消化

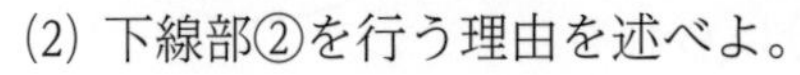

(2) 下線部②を行う理由を述べよ。

(3) 下線部③の操作で染色されるのは細胞のどの部分か。また何色に染色されるか。

(4) 図の(ア)～(オ)の細胞を，(エ)を最初にして分裂の進行順に並べよ。

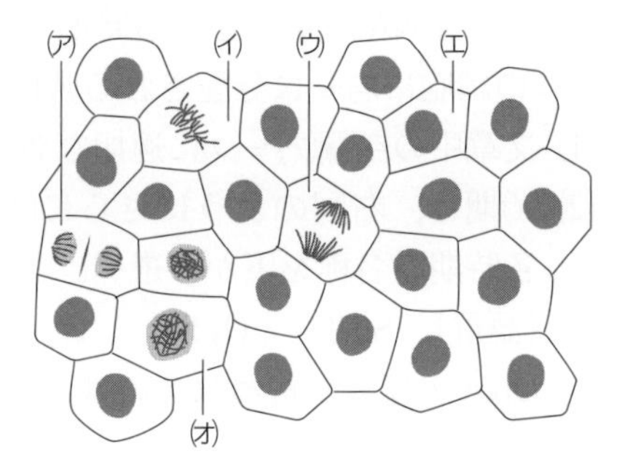

(5) この植物の細胞周期を15時間と仮定すると，間期および分裂期はそれぞれ何時間になるか。ただし，図中の全細胞に対する各期の細胞の割合が，細胞周期における各期の長さの割合に一致しているものとする。

▶p.38 例題6

知 **55. DNA量の変化●**　図は，細胞周期とDNA量の変化の関係を示している。

(1) 図の(a)～(d)に当てはまる語句を，次の(ア)～(エ)からそれぞれ選べ。

(ア) S期　(イ) G_2期

(ウ) G_1期　(エ) M期

(2) 図の(a)～(d)のうち，間期に含まれるものをすべて選べ。

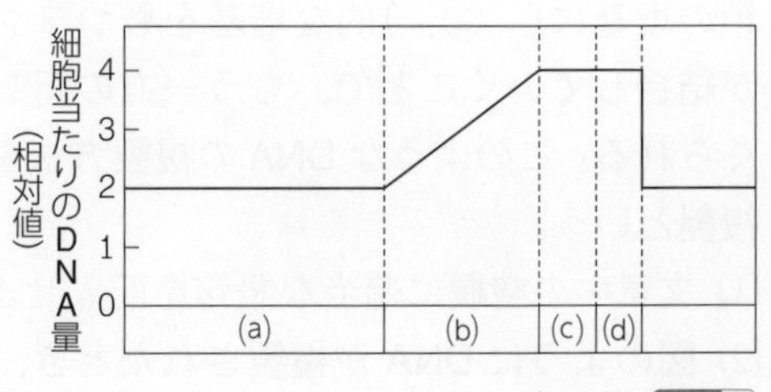

▶p.38 例題6

知 **56. タンパク質とアミノ酸●** 次の文章中の空欄に当てはまる語句を，下の語群から選べ。

動物のからだをつくる成分の中で，水に次いで多いのは(　ア　)である。(　ア　)は酵素としてはたらいたり，物質の輸送にかかわったりするなど，生命活動において重要な役割を担っている。また，(　ア　)の種類は非常に多く，(　イ　)の遺伝情報にもとづいて20 種類の(　ウ　)が次々と結合することで合成される。(　ア　)の性質は，(　ウ　)の種類と数と配列によって決まる。

〔語群〕 アミノ酸　　DNA　　RNA　　タンパク質　　グルコース

知 **57. 遺伝情報の流れ●** 次の文章を読み，以下の問いに答えよ。

生命活動の中心となってはたらく物質は(　①　)であり，(　①　)は(　②　)の遺伝情報にもとづいて合成される。(　②　)を構成する4種類の塩基の配列が，(　①　)を構成するアミノ酸の種類，数，配列順序を決める情報になっている。

(a)(　②　)の塩基配列の一部が(　③　)に写し取られ，続いて(b)(　③　)の塩基配列がアミノ酸の配列に読みかえられる。

(1) 文章中の空欄に当てはまる物質の名称を答えよ。

(2) 文章中の下線部(a)，(b)の過程をそれぞれ何というか。

知 **58. RNA とそのはたらき●** 次の図は RNA を構成するヌクレオチドを示した模式図である。次の各問いに答えよ。

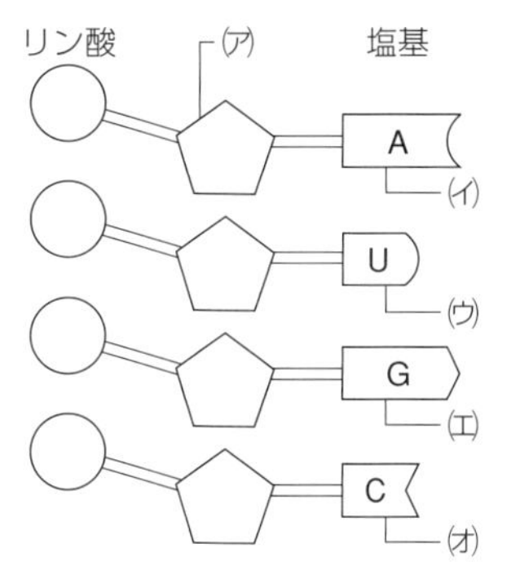

(1) 図中の(ア)の糖の名称を答えよ。

(2) 図中の(イ)～(オ)の塩基の名称を答えよ。

(3) RNA の長さの説明として適当なものを，次の①～③から選んで記号で答えよ。

① DNA よりも長い　　② DNA よりも短い

③ DNA とおおよそ同じ長さ

知 **59. DNA と RNA ①●** 次の文章を読み，以下の問いに答えよ。

核酸には DNA と RNA があり，ともにリン酸と(　①　)と(　②　)からなる(　③　)が多数結合した鎖状の分子である。DNA の(　①　)は(　④　)，RNA の(　①　)はリボースである。DNA を構成する(　②　)は，(　⑤　)(A)，(　⑥　)(T)，(　⑦　)(G)，(　⑧　)(C)の4種類であるが，RNA には(　⑥　)(T)の代わりに(　⑨　)(U)が存在する。また，DNA は2本鎖，RNA はふつう(　⑩　)本鎖である。

(1) 文章中の空欄①～⑩に適切な語句あるいは数字を記入せよ。

(2) DNA と RNA は，一般的に，どちらが大きな分子であるか。

(3) 真核細胞の場合，DNA はおもに細胞内のどの構造体に存在するか。

知 **60. DNA と RNA ②●** 生物の DNA と RNA の違いをまとめた次の表の空欄に適する語を答えよ。ただし，⑤，⑥については適するものをどちらか選べ。

	DNA	RNA
糖	（ ① ）	（ ② ）
塩基	アデニン，（ ③ ），グアニン，シトシン	アデニン，（ ④ ），グアニン，シトシン
構造	⑤(1 本鎖，2 本鎖)	⑥(1 本鎖，2 本鎖)

知 **61. 遺伝情報の発現①●** 次の文章の空欄に当てはまる適切な語句や記号を答えよ。

DNA の塩基配列が RNA の塩基配列に写し取られる過程を（ ① ）という。（ ① ）ではまず，DNA の 2 本鎖の一部で塩基どうしの結合が切れて，1 本鎖にほどける。すると，鋳型となる DNA の一方のヌクレオチド鎖の塩基に（ ② ）的な塩基をもつ RNA の（ ③ ）が結合する。RNA の（ ③ ）は塩基として T のかわりに（ ④ ）をもつので，DNA の塩基配列が ATGC なら，RNA の塩基配列は（ ⑤ ）として写し取られる。

知 **62. 遺伝情報の発現②●** 図は，DNA と RNA の塩基の相補的な関係を示したものである。

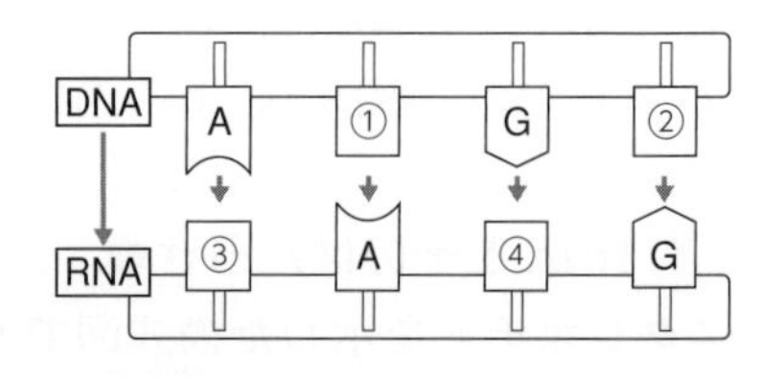

(1) 図中の空欄①～④に入る適切な塩基を答えよ。
(2) DNA の塩基配列が RNA の塩基配列に写し取られる過程を何というか。

知 **63. 遺伝情報の発現③●** 次の文章の空欄に当てはまる適切な語句や記号を入れよ。

RNA の塩基配列が読み取られてタンパク質が合成される過程を（ ① ）という。DNA の塩基配列が転写されてできた RNA は mRNA といわれ，その連続した塩基 3 個の配列が 1 個の（ ② ）を指定している。この連続した塩基 3 個の配列を（ ③ ）という。mRNA の塩基配列は tRNA を介してアミノ酸配列に読みかえられ，タンパク質として合成される。tRNA は，mRNA の（ ③ ）に相補的な（ ④ ）といわれる塩基 3 個の配列をもつ。mRNA の（ ③ ）が CAU なら，tRNA の（ ④ ）は（ ⑤ ）となり，tRNA はヒスチジンという（ ② ）を結合して運ぶ。

知 **64. 遺伝情報の発現④●** 右の図は，DNA の塩基配列とアミノ酸の対応を示したものである。

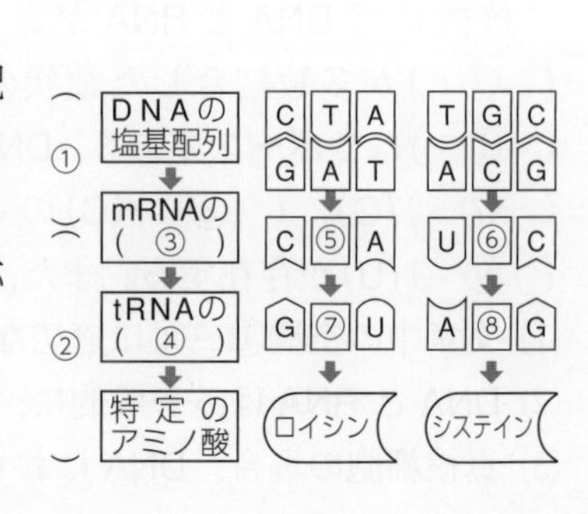

(1) 図中の①，②の過程を何というか。
(2) 図中の③，④に当てはまる塩基 3 個の配列の名称をそれぞれ答えよ。
(3) 図中の⑤，⑥，⑦，⑧に適切な塩基を A，T，C，G，U の記号でそれぞれ答えよ。

知 **65. タンパク質の合成①●** 次の文を読んで下の各問いに答えよ。

タンパク質合成の過程には，DNA と 2 種類の RNA がかかわっている。まず DNA の 2 本鎖の一部がほどけ，一方の鎖が鋳型となることで，その塩基配列に対応した(a)RNA が合成される。合成された RNA の(b)連続する塩基 3 個の配列には，(c)その塩基配列と相補的な塩基 3 個の配列をもつ(d)もう一つの RNA が結合する。この RNA には塩基配列に対応した特定のアミノ酸が結合しており，こうして運ばれてきたアミノ酸どうしが結合することで，特定のタンパク質が合成される。このように，タンパク質が合成されることを(e)遺伝子が {① 発現する ② 分配される} という。

(1) 下線部(a)の RNA の名称を答えよ。

(2) 下線部(a)，(d)の RNA がもつ塩基の中で，DNA にはない塩基の名称を答えよ。

(3) 下線部(b)の塩基配列を何というか。

(4) 下線部(c)の塩基配列を何というか。

(5) 下線部(d)の RNA の名称を答えよ。

(6) 下線部(e)の { } 内に適する語句は①，②のどちらか。

知 **66. タンパク質の合成②●** 右の図は，タンパク質の合成過程を示したものであり，(ア)～(エ)はアミノ酸，DNA，tRNA，mRNA のいずれかである。

(1) (ア)～(エ)の物質名をそれぞれ答えよ。

(2) ①～⑮に当てはまる塩基をそれぞれ A・T・G・C・U の記号で答えよ。

(3) (a) (ア)→(イ)，(b) (イ)→(エ)の過程をそれぞれ何というか。

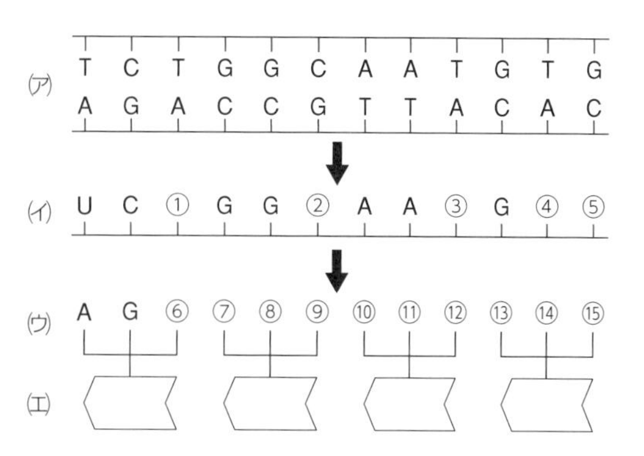

知 **67. タンパク質の合成③●** 次の(ア)～(オ)の文章は，タンパク質が合成される過程について説明したものである。以下の問いに答えよ。

(ア) DNA の一方の鎖の塩基に相補的な塩基をもつ RNA のヌクレオチドが結合する。

(イ) tRNA によって運ばれてきたアミノ酸どうしが結合し，mRNA の塩基配列に基づいたタンパク質が合成される。

(ウ) DNA の塩基どうしの結合がほどけて 1 本鎖になる。

(エ) 隣りあった RNA のヌクレオチドどうしが結合して mRNA ができる。

(オ) mRNA のコドンに相補的に結合するアンチコドンをもつ tRNA が結合する。

(1) (ア)～(オ)をタンパク質が合成される反応の順に並べかえよ。

(2) AGTCCACTGAGT の塩基配列をもつ DNA 鎖がある。

① この塩基配列を鋳型としてつくられる RNA の塩基配列を答えよ。

② この塩基配列が指定するアミノ酸の数はいくつか。

知 68. 翻訳①● 次の表に関する各問いに答えよ。

		2番目の塩基				
		U	C	A	G	
1番目の塩基	U	UUU UUC }フェニルアラニン UUA UUG }ロイシン	UCU UCC UCA UCG }セリン	UAU UAC }チロシン UAA UAG }(②)	UGU UGC }システイン UGA (②) UGG トリプトファン	U C A G
	C	CUU CUC CUA CUG }ロイシン	CCU CCC CCA CCG }プロリン	CAU CAC }ヒスチジン CAA CAG }グルタミン	CGU CGC CGA CGG }アルギニン	U C A G
	A	AUU AUC AUA }イソロイシン AUG メチオニン(①)	ACU ACC ACA ACG }トレオニン	AAU AAC }アスパラギン AAA AAG }リシン	AGU AGC }セリン AGA AGG }アルギニン	U C A G
	G	GUU GUC GUA GUG }バリン	GCU GCC GCA GCG }アラニン	GAU GAC }アスパラギン酸 GAA GAG }グルタミン酸	GGU GGC GGA GGG }グリシン	U C A G
						3番目の塩基

(1) mRNAのコドンと，それが指定するアミノ酸の関係を示した上の表を何というか。漢字5字で答えよ。

(2) 表の①は翻訳の開始を指定するコドン，表の②は終了を指定するコドンである。このコドンの名称をそれぞれ答えよ。

(3) あるDNAを構成する一方のヌクレオチド鎖がTACATATTACTGTTCATTであったとき，これを鋳型として合成されるmRNAの塩基配列を答えよ。

(4) (3)の情報をもとにつくられるタンパク質のアミノ酸配列を，表を参考に答えよ。ただし，左端の塩基3つを最初のコドンとする。

知 69. 翻訳②● 右の表は，mRNAのコドンとそれが指定するアミノ酸の関係を示したものである。あるDNAを構成する一方のヌクレオチド鎖の塩基配列がTACGCGCTCAAATTAGTACACACTであったとき，次の各問いに答えよ。

mRNAのコドン	指定するアミノ酸
AUG	メチオニン(開始コドン)
AAU	アスパラギン
CGC	アルギニン
CAU	ヒスチジン
GAG	グルタミン酸
GUG	バリン
UGA	なし(終止コドン)
UUU	フェニルアラニン

(1) このヌクレオチド鎖を鋳型として合成されるmRNAの塩基配列を答えよ。

(2) (1)のmRNAが翻訳されてできるアミノ酸配列を，左から順に答えよ。ただし，mRNAの左端の塩基3つを最初のコドンとする。

知 70. 分化した細胞の遺伝子発現①● 次の文章を読み，以下の問いに答えよ。

多細胞生物のからだを構成する細胞は，受精卵が①分裂をくり返してできた細胞が，②特定の形やはたらきをもつ細胞に変化したものである。また，③この分裂によって生じたすべての細胞は，受精卵と同じすべての遺伝情報をもっている。

(1) 下線部①の分裂，下線部②の変化をそれぞれ何というか。

(2) 下線部③の細胞の遺伝子について述べた次の(ア), (イ)のうち，正しい方を選べ。
(ア) 細胞の存在する部位によって，はたらく遺伝子が異なっている。
(イ) 細胞の存在する部位にかかわらず，すべての遺伝子がはたらいている。

知 **71. 分化した細胞の遺伝子発現②●** 次の図は，多細胞生物を構成する細胞が，組織・器官によって異なる遺伝子を発現していることを模式的に示している。
(1) 図の細胞(A)～(C)に適するものを，次の(ア)～(ウ)からそれぞれ選べ。
(ア) 皮膚の細胞　(イ) 眼の水晶体の細胞　(ウ) すい臓のランゲルハンス島の細胞
(2) 受精卵から体細胞分裂によって増えた細胞が，特定の組織・器官の細胞に変化していくことを何というか。
(3) 図の細胞(A)～(C)のうち，受精卵と同じ遺伝情報をもつものをすべて選べ。

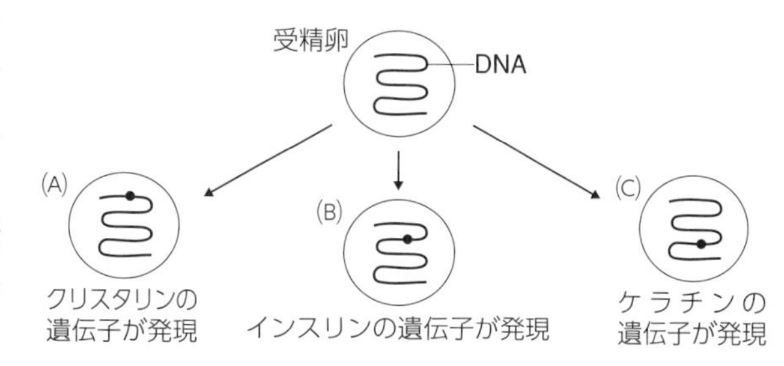

知 **72. 遺伝情報と遺伝子●** 次の文章を読み，空欄に当てはまる語句を答えよ。④については，適切な語句を(a)～(c)から選び，記号で答えよ。

通常，1個の体細胞には大きさと形が同じ染色体が2本ずつあり，この対になる染色体を(　①　)という。この(　①　)のどちらか一方の1組に含まれるすべての遺伝情報を(　②　)といい，(　②　)には，その生物が生命活動を営むのに必要なすべての遺伝情報が含まれている。(　②　)の大きさはDNAを構成する(　③　)対の数で示され，生物の種類によってさまざまである。

ヒトの(　②　)を構成するDNA全体のうち，タンパク質のアミノ酸配列を指定している部分は，④{ (a) ほぼすべて　(b) 約50％　(c) 約1％ }であるといわれている。

知 **73. ゲノムと遺伝子①●** ヒトのゲノムについて，以下の問いに答えよ。
(1) ヒトの体細胞は，ゲノムを何組もっているか。
(2) ヒトのゲノムの① 塩基対数，② 遺伝子数として最も適切な数を次の語群から選べ。
〔語群〕 200　3000　2万　600万　2億　30億　60兆

知 **74. ゲノムと遺伝子②●** ある生物のゲノムには 2.4×10^7 の塩基対が含まれる。このゲノムを構成するDNAの塩基配列のうち，遺伝子としてはたらいている領域は 4.8×10^6 塩基対であり，その中に4000個の遺伝子が存在する。次の各問いに答えよ。
(1) この生物の1個の遺伝子に含まれる塩基対数は，平均して何塩基対か。
(2) この生物のDNAの遺伝子としてはたらいている領域のすべての塩基配列がアミノ酸を指定するとしたとき，指定されるアミノ酸の数を答えよ。

章末総合問題

リード C+　解説動画

知 **75.** 遺伝情報を担う物質に関する次の文章を読み，以下の問いに答えよ。

2 本鎖 DNA のそれぞれの鎖は，ヌクレオチドが多数つながってできている。このヌクレオチドは，(　①　)，糖の一種である(　②　)およびアデニン(A)，チミン(T)，グアニン(G)，シトシン(C)の 4 種類の塩基のうちのどれか 1 つから成り立っている。

(1) 文章中の空欄に当てはまる語句を答えよ。

(2) 2 本鎖 DNA を構成する一方のヌクレオチド鎖をⅠ鎖，もう一方をⅡ鎖とする。Ⅰ鎖，Ⅱ鎖における A の割合がそれぞれ 20 %，26 %であるとき，次の(a)～(d)の割合を求めよ。

(a) Ⅱ鎖における T の割合　　(b) 2 本鎖 DNA における G の割合

(c) 複製されてできた新しい 2 本鎖 DNA における T の割合

(d) Ⅱ鎖のすべての塩基が転写された場合に生じる RNA における A の割合

(3) DNA と RNA についての説明として適切なものを次の(ア)～(エ)からすべて選べ。

(ア) RNA を構成する塩基のうち DNA と共通であるのは A，G，T である。

(イ) RNA は DNA に比べて著しく長い。　　(ウ) RNA は通常 1 本鎖として存在する。

(エ) DNA はリン酸をもつが，RNA はリン酸をもたない。　〔16 近畿大 改〕

思 **76.** DNA の半保存的複製に関する次の文章を読み，以下の問いに答えよ。

メセルソンとスタールは，DNA の複製の方式を明らかにするため，以下のような実験を行った。まず，自然界に多く存在する窒素 ^{14}N よりも重い窒素 ^{15}N のみを含む培地で，大腸菌を何代も培養した。これにより，大腸菌の DNA に含まれる窒素のほとんどが重い窒素 ^{15}N に置きかわる。その後，大腸菌を ^{14}N のみを含む培地に移し，大腸菌の分裂ごとに DNA を抽出して，塩化セシウム溶液の中で遠心分離した。遠心分離を行うと，図のように DNA の密度の違いによって異なる位置にバンドが生じる。

(A) 軽い DNA (^{14}N のみを含む)のバンド
(B) 中間の重さの DNA (^{14}N と ^{15}N を含む)のバンド
(C) 重い DNA (^{15}N のみを含む)のバンド

(1) ^{15}N を含む培地で何代も培養した大腸菌の DNA を抽出して遠心分離したとき，DNA のバンドの現れる位置として最も適当なものを，図の(A)～(C)から 1 つ選べ。

(2) (1)の大腸菌を ^{14}N のみを含む培地に移して 1 回分裂させた。分裂後の大腸菌の DNA を抽出して遠心分離したとき，DNA のバンドの現れる位置として最も適当なものを，図の(A)～(C)から 1 つ選べ。

(3) (1)の大腸菌を ^{14}N のみを含む培地に移して① 2 回分裂させた後，② 3 回分裂させた後の DNA を抽出して遠心分離した。そのとき現れるバンドの位置とバンドを構成する DNA の濃度の比率について，最も適当なものを(a)～(d)からそれぞれ選べ。

(a) A：B：C＝0：1：1　(b) A：B：C＝1：1：0
(c) A：B：C＝3：1：0　(d) A：B：C＝1：3：0

思 77. 細胞周期に関する次の文章を読み，以下の問いに答えよ。

体細胞分裂をくり返している細胞集団から細胞 4000 個を採取して，細胞 1 個当たりに含まれる DNA 量(相対値)を測定した。図は DNA 量ごとの細胞数を，グラフに示したものである。

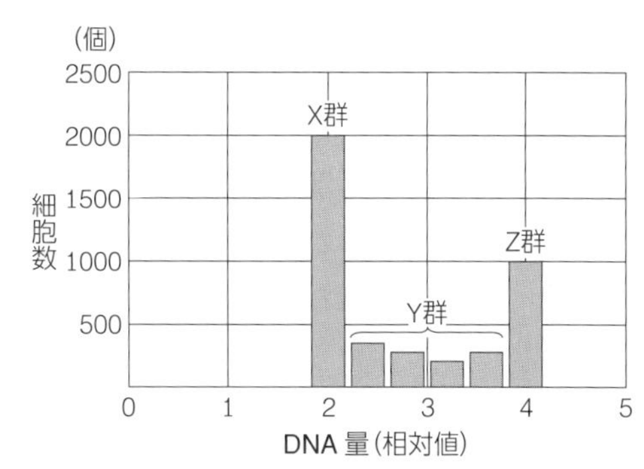

(1) 図の X 群，Y 群，Z 群の細胞群には，それぞれ細胞周期のどの時期の細胞が含まれるか。最も適当なものを，次の(a)〜(f)からそれぞれ 1 つずつ選べ。
(a) G_1 期　(b) S 期　(c) G_2 期　(d) M 期　(e) S 期＋G_2 期　(f) G_2 期＋M 期
(2) 4000 個の細胞のうち，M 期の細胞は 200 個であった。この細胞の細胞周期を 20 時間とすると，① M 期，② G_1 期，③ S 期に要する時間はそれぞれ何時間か。

知 78. コドンとアミノ酸の関係に関する次の文章を読み，以下の問いに答えよ。

アミノ酸は，mRNA の連続した塩基 3 個の配列であるコドンによって指定される。また，右の表は，コドンと指定されるアミノ酸の対応を示したものである。

次に示すある DNA の塩基配列の一部をもとに合成されたアミノ酸配列は，下のようになった。なお，DNA の塩基配列は左端から転写されるものとする。

コドン	アミノ酸
AAU,AAC	アスパラギン
AAA,AAG	リシン
ACU,ACC ACA,ACG	トレオニン
GGU,GGC GGA,GGG	グリシン
GCU,GCC GCA,GCG	アラニン
GAA,GAG	グルタミン酸
UUU,UUC	フェニルアラニン

【DNA の塩基配列】
(X) …AAGGCAAATGGATTCACT…
(Y) …TTCCGTTTACCTAAGTGA…

【アミノ酸の配列】

―[リシン]―[①]―[②]―[③]―[④]―[⑤]―

(1) (X)と(Y)のうち，転写の際に鋳型となったヌクレオチド鎖はどちらか。
(2) (1)のヌクレオチド鎖を鋳型として合成される mRNA の塩基配列を答えよ。
(3) ①〜⑤にあてはまるアミノ酸をそれぞれ答えよ。
(4) コドンと，コドンが指定するアミノ酸の関係について，正しいものを 1 つ選べ。
(ア) 開始コドンである AUG に対応するアミノ酸は存在しない。
(イ) 終止コドンである UAA に対応するアミノ酸は存在しない。
(ウ) コドンが指定するアミノ酸は 64 種類ある。

第3章 ヒトの体内環境の維持

1 体内での情報伝達と調節

A 体内での情報伝達

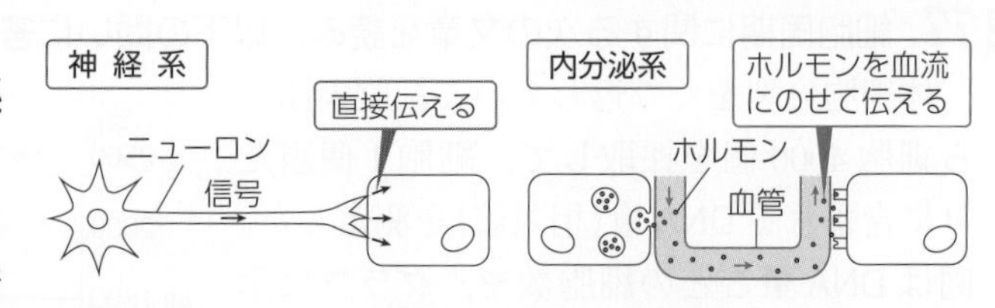

ヒトのからだには，**神経系**と**内分泌系**という2つのしくみがあり，このしくみにより体内の状態の変化に関する情報が伝えられ，からだの状態が調節されている。神経系では**自律神経系**が関与し，信号を送ることで，情報が細胞に直接伝えられる。一方，**内分泌系**では血液中に分泌された**ホルモン**によって情報が細胞に伝えられる。

B 神経系による情報の伝達と調節

(1) **神経系**　神経系は，**ニューロン**(**神経細胞**)が多数集まってできている。ニューロンは，細胞の一部が突起として長く伸びた構造をしている。神経系では，ニューロンの興奮によって，情報が伝えられる。

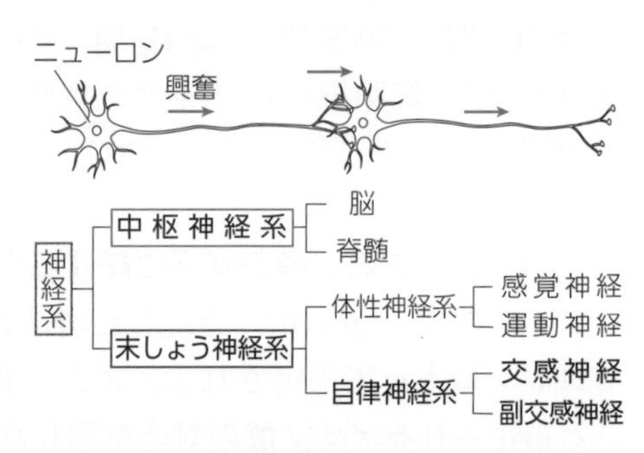

神経系には脳や脊髄からなる**中枢神経系**と，中枢神経系とからだの各部をつなぐ**末しょう神経系**がある。末しょう神経系のうち，おもにからだの状態を調節している神経系を**自律神経系**という。

脳は，大脳，間脳，中脳，小脳，延髄などに分けられる。自律神経系の中枢としてはたらくのは，おもに**間脳**の**視床下部**である。

(脳の右半分を示した図)

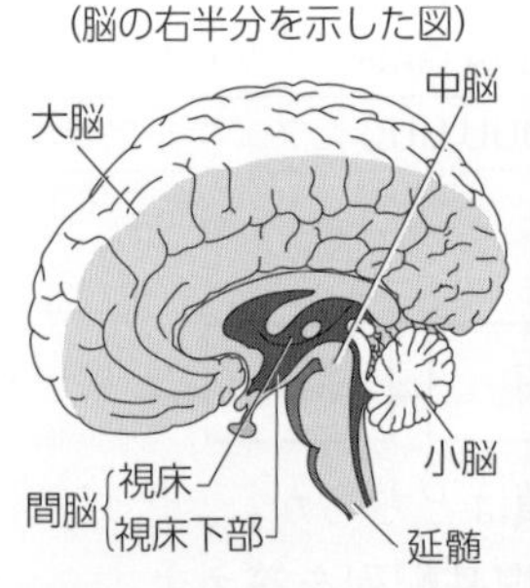

	はたらき
大脳	視覚や聴覚などの感覚や，意識による運動，および言語や記憶・思考・意思などの高度な精神活動などの中枢
間脳	視床と視床下部などからなり，自律神経系と内分泌系の中枢としてはたらく
中脳	姿勢保持や眼球運動，瞳孔反射などの中枢
小脳	筋肉運動の調節やからだの平衡を保つ中枢
延髄	呼吸や血液循環などの生命活動にかかわるはたらきの中枢

参考 **脳死**

脳が損傷を受け，脳幹(間脳・中脳・延髄など)を含む脳全体がはたらかなくなると，生命維持に必要な調節ができず，**脳死**という状態になる。脳幹がはたらかなくなると，通常は呼吸や心臓の拍動などが停止して死に至るが，生命維持装置をつけることで，しばらくの間，心臓を動かしておくことができる。脳死に対して，大脳の機能は停止しているが，脳幹の機能が残っている場合を植物状態という。

(2) **自律神経系による調節**　意識とは無関係に内臓などの器官のはたらきを調節する神経系を**自律神経系**という。自律神経系は**交感神経**と**副交感神経**からなる。これらは，一方が促進的であれば他方は抑制的というように，互いに拮抗的(対抗的)にはたらくことが多い。一般に，興奮時には交感神経が，リラックスしているときには副交感神経がはたらく。

対　象	ひとみ	心臓拍動	血　圧	気管支	胃腸ぜん動	排　尿	立毛筋
交感神経	拡　大	促　進	上げる	拡　張	抑　制	抑　制	収　縮
副交感神経	縮　小	抑　制	下げる	収　縮	促　進	促　進	－

(－は副交感神経が分布していないことを示す)

参考　心臓には，一定のリズムで自動的に拍動する性質がある。これは，右心房にある**ペースメーカー**(**洞房結節**)という部位が周期的に興奮するためである。ペースメーカーのはたらきは交感神経と副交感神経からの指令によって調節されていて，心臓の拍動数を変えることで血流量を調節し，からだに必要な量の酸素を供給している。

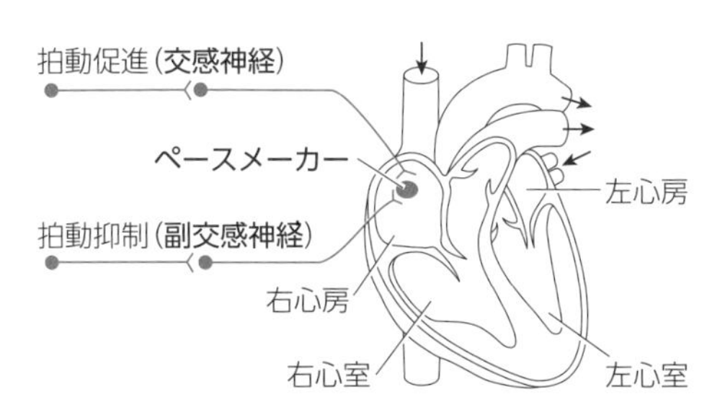

C 内分泌系による情報の伝達と調節

(1) **内分泌腺とホルモン**　内分泌系では**ホルモン**とよばれる物質によって調節が行われる。ホルモンは**内分泌腺**でつくられ，血液によって全身に運ばれる。内分泌腺は血液中にホルモンを分泌する器官で，内分泌腺からはさまざまなホルモンが分泌されている。

内分泌腺		ホルモン	おもなはたらき
視床下部		放出ホルモン	ホルモン分泌の促進
		放出抑制ホルモン	ホルモン分泌の抑制
脳下垂体	前葉	成長ホルモン	タンパク質合成促進，血糖濃度を上げる，骨の発育促進
		甲状腺刺激ホルモン	甲状腺からのチロキシンの分泌促進
		副腎皮質刺激ホルモン	副腎皮質からの糖質コルチコイドの分泌促進
	後葉	バソプレシン	腎臓での水分の再吸収を促進し，血圧を上げる
甲状腺		チロキシン	代謝を促進，成長と分化を促進
副甲状腺		パラトルモン	血液中の Ca^{2+} 濃度を上げる
副腎	髄質	アドレナリン	血糖濃度を上げる(グリコーゲンの分解を促進)
	皮質	糖質コルチコイド	血糖濃度を上げる(タンパク質からの糖の合成を促進)
		鉱質コルチコイド	腎臓での Na^{+} の再吸収を促進
すい臓のランゲルハンス島		グルカゴン	血糖濃度を上げる(グリコーゲンの分解を促進)
		インスリン	血糖濃度を下げる(グリコーゲンの合成と，組織でのグルコースの呼吸消費を促進)

補足　内分泌腺に対し，汗腺や消化管などの排出管を通して体外へ分泌する腺を外分泌腺という。

(2) **ホルモンの分泌と作用**　ホルモンはそれぞれ，特定の器官(**標的器官**)にある特定の細胞(**標的細胞**)のみに作用する。標的細胞には，特定のホルモンを受容する**受容体**があり，ホルモンはその受容体に結合する。

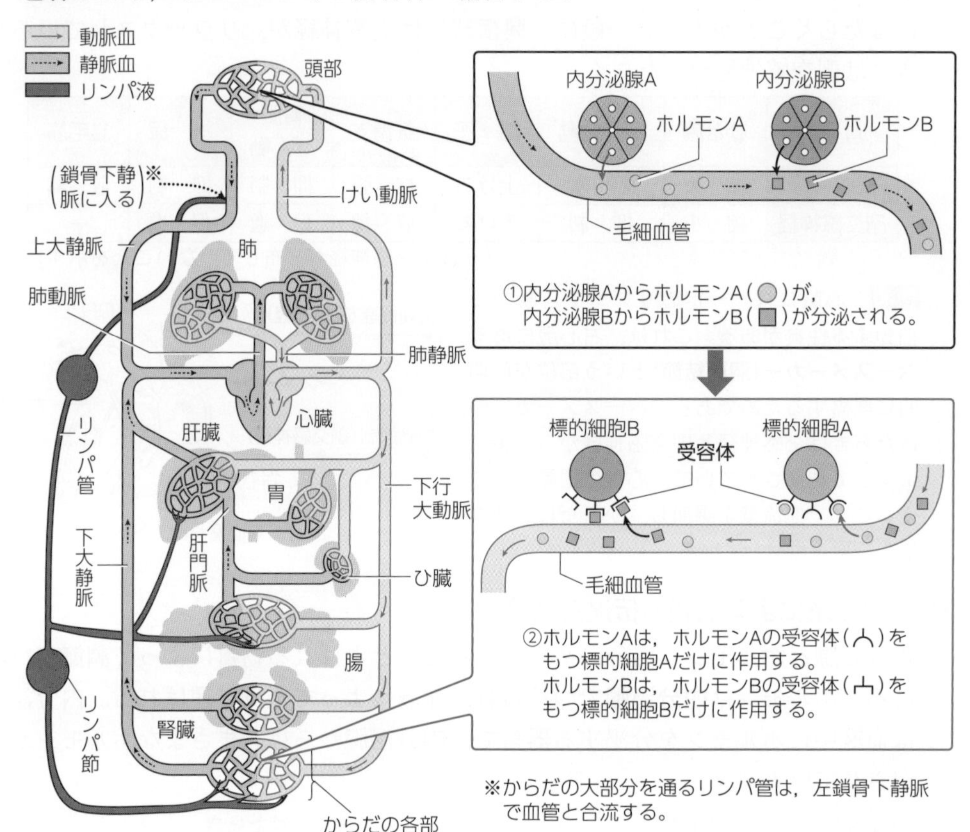

※からだの大部分を通るリンパ管は，左鎖骨下静脈で血管と合流する。

(3) **ホルモンの分泌量の調節**　最終産物や最終的なはたらきの効果が前の段階にもどって作用することを**フィードバック**という。多くのホルモンは，血液中の濃度が過剰になると分泌が抑制される負のフィードバックによって，体液中の濃度が適正になるように調節されている。

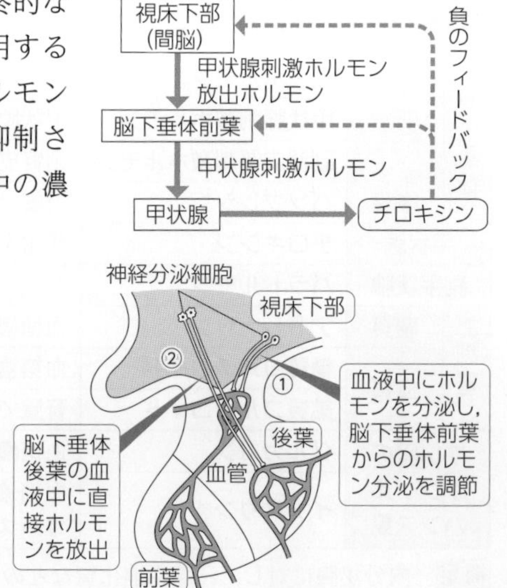

参考　**視床下部**による**脳下垂体**(下垂体)からのホルモンの分泌には次の2つの経路がある。

① **脳下垂体前葉から分泌されるホルモン**は，視床下部の神経分泌細胞から血液中に分泌される放出ホルモンや放出抑制ホルモンのはたらきによって，分泌量が調節される。

② **脳下垂体後葉から分泌されるホルモン**は，視床下部の神経分泌細胞が脳下垂体後葉まで伸びて，直接後葉内の血液中に分泌される。

2 体内環境の維持のしくみ

A 体内環境の維持

(1) **体内環境** 動物の場合，皮膚など一部の細胞を除くと，細胞は**体液**とよばれる液体に浸されている。体液は細胞にとっての環境であり，**体内環境**という。ヒトの体液は，細胞を取り巻く**組織液**，血管内を流れる**血液**，リンパ管内を流れる**リンパ液**の液体成分からなる。

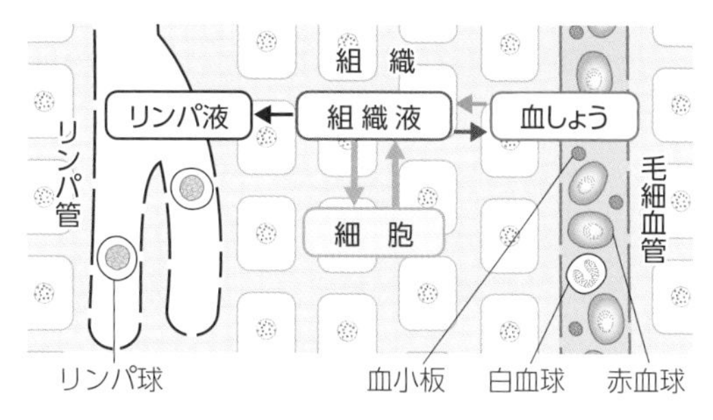

(2) **体内環境と恒常性** 動物は，酸素濃度・グルコース濃度・塩分濃度といった体液の状態の変化を感知して調節することで，体内環境を一定の範囲内に保っている。体内環境が一定に維持されている状態を**恒常性**(**ホメオスタシス**)という。

B 血糖濃度の調節のしくみ

(1) **血糖濃度の調節** 多くの動物では，エネルギー源として**グルコース**を利用している。血液中のグルコースを**血糖**といい，その濃度を**血糖濃度**(血糖値)という。食物中のデンプンはグルコースに分解されると，小腸で吸収され，**肝臓**で貯蔵される。貯蔵されたグルコースは必要なときに血液中にもどされ，エネルギー源として利用される。ヒトの血糖濃度は 0.1 %前後に維持されている。

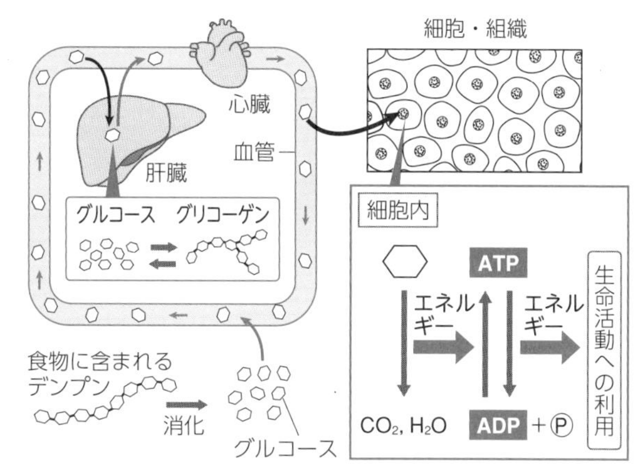

参考 ヒトの肝臓は成人では 1 ～ 2 kg もある最大の臓器で，約 50 万個の肝細胞からなる肝小葉が約 50 万個集まってできている。肝臓はさまざまなはたらきをもつ。

① 小腸で吸収され肝門脈を通って入ってきたグルコースを，**グリコーゲン**に変えて貯蔵する。
② 発熱量が多く，体温調節に関与する。
③ 血しょう中のアルブミンやグロブリンなどのタンパク質を合成する。
④ アンモニアを毒性の低い**尿素**に変える。
⑤ **胆汁**を生成する。

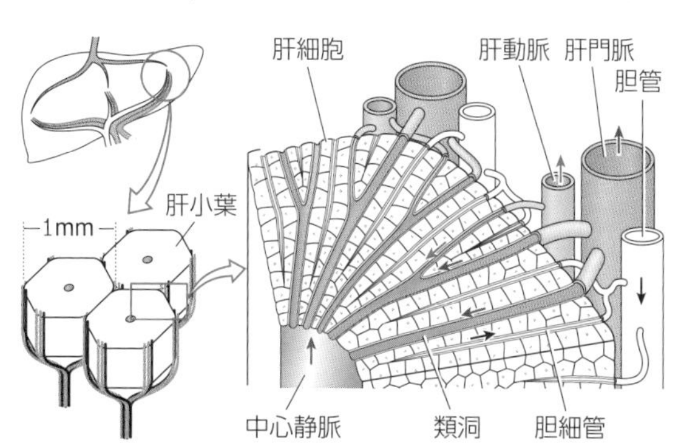

(2) 血糖濃度の調節のしくみ

① **血糖濃度が高いとき**　食事などにより血糖濃度が上昇すると，**すい臓**の**ランゲルハンス島**のB細胞が血糖濃度の上昇を感知し，**インスリン**を分泌する。インスリンは細胞内へのグルコースの取りこみと消費(分解)の促進，肝臓や筋肉でのグルコースからグリコーゲンへの合成の促進によって血糖濃度を低下させる。

② **血糖濃度が低いとき**　空腹時に血糖濃度が低下すると，すい臓のランゲルハンス島のA細胞が血糖濃度の低下を感知し，**グルカゴン**を分泌する。グルカゴンは肝臓でのグリコーゲンからグルコースへの分解を促進し，血糖濃度を上昇させる。また，**副腎**の髄質から分泌される**アドレナリン**も同様のはたらきをする。副腎の皮質から分泌される**糖質コルチコイド**は，長期にわたる飢餓状態などにおいてタンパク質の糖化を促進するなどして，血糖濃度の上昇にはたらく。

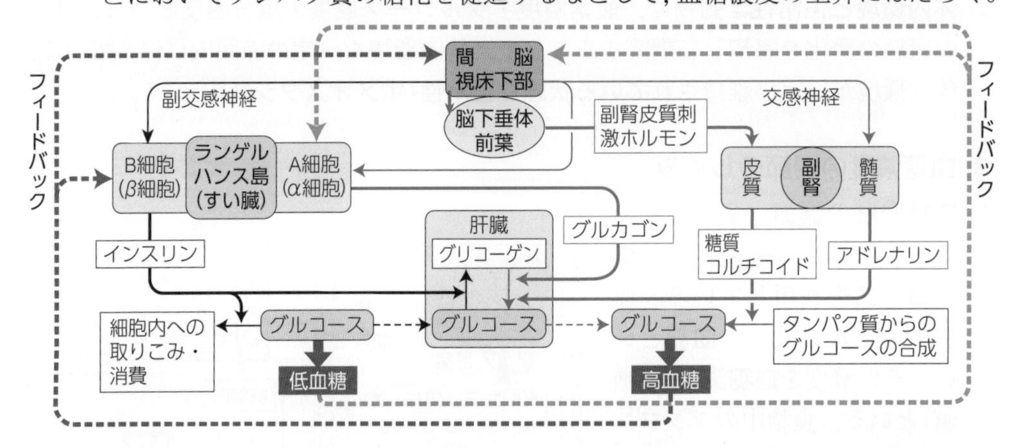

(3) **糖尿病**

血糖濃度を低下させる機能がはたらかなくなり，血糖濃度が慢性的に高い状態が続くと，**糖尿病**と診断される。糖尿病では，血糖濃度が常に高い状態が続き，血管障害などが起こる。その結果，手足の壊疽などが起こる可能性がある。

糖尿病はⅠ型とⅡ型に分けられる。Ⅰ型糖尿病はおもに自己の免疫によってランゲルハンス島のB細胞が破壊され，インスリンが分泌されなくなる場合である。一方，Ⅱ型糖尿病はⅠ型糖尿病とは別の原因でインスリンの分泌量が低下したり，標的細胞の受容体がインスリンを受け取れなくなったりする場合である。

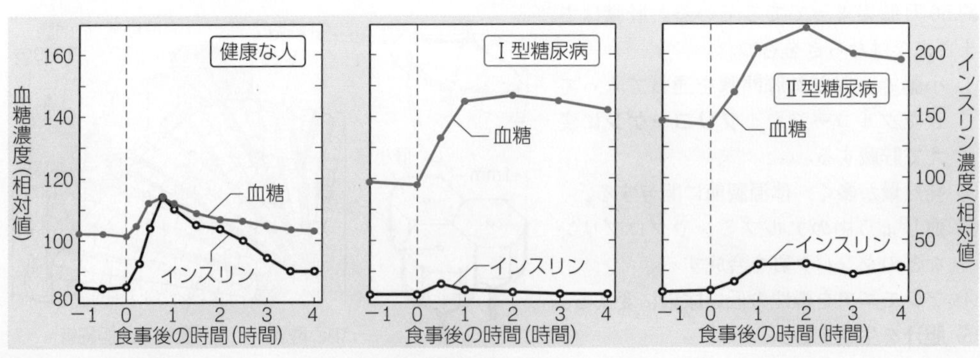

参考 腎臓の構造とはたらき

ヒトには2個の腎臓があり，それぞれ100万個ほどのネフロン(腎単位)で構成されている。ネフロンは腎小体と細尿管からなる。腎小体は，糸球体とそれを包むボーマンのうを合わせたものをいい，血液中から尿素などの低分子物質をこし出す。このはたらきを**ろ過**といい，ろ過された液(**原尿**)が細尿管，集合管を流れるとき，必要な物質は**再吸収**されて血液中にもどり，残りは**尿**として腎うへ送り出される。

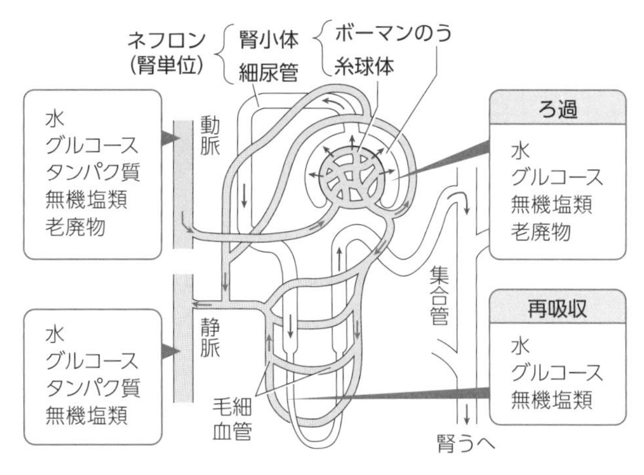

<グルコースが尿に排出される理由> 腎臓に入った血液が糸球体でろ過される際に，グルコースは原尿中に出るが，血糖濃度が低い場合にはグルコースはすべて細尿管を流れる間に血液へ再吸収される。しかし，血糖濃度が高いと再吸収しきれずに，一部が尿中に排出される。

参考 体内環境のさまざまな調節のしくみ

① **体温の調節** ヒトは寒いときには，下図のようなしくみで体温を上昇させる。

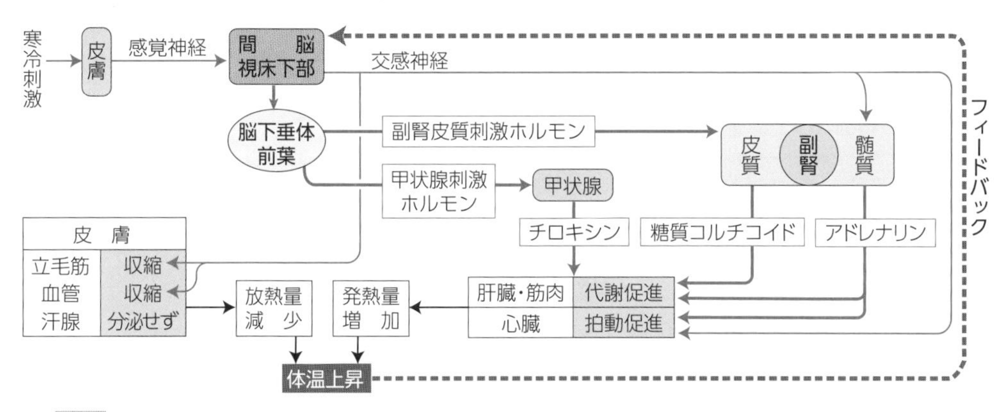

補足 暑いときは，発熱量を抑え，発汗を促進するなどして放熱量を増加させる。

② **水分量と塩分濃度の調節** 体液の塩分濃度の変化は，間脳の視床下部で感知され，脳下垂体後葉から分泌されるバソプレシンとよばれるホルモンの分泌量が調節される。

体液の塩分濃度上昇時 バソプレシンが分泌され，集合管での水分の再吸収が促進され，尿量は減少する。血液中の水分量が増え，体液の塩分濃度は低下する。

体液の塩分濃度低下時 バソプレシンの分泌量が減少し，集合管で再吸収される水分量が減り，尿量は増加する。血液中の水分量が減り，体液の塩分濃度が上昇する。

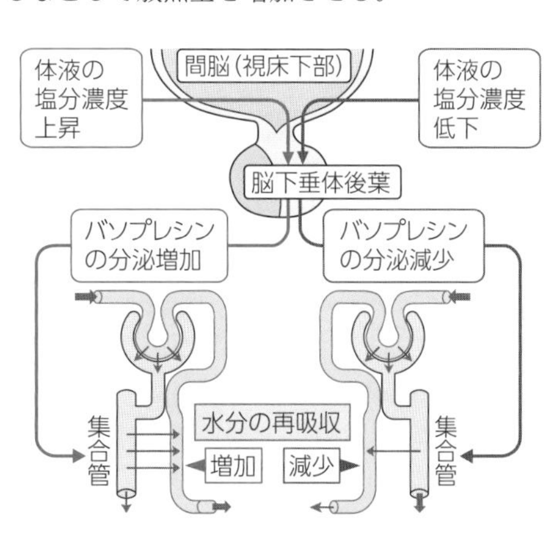

第3章 ヒトの体内環境の維持

C 血液の循環を維持するしくみ

(1) **血液凝固**　血管が傷つくとその部分に**血小板**が集まる。血小板のはたらきによって**フィブリン**というタンパク質が集まってできた繊維がつくられ，これが赤血球などの血球をからめて**血ぺい**となる。この過程を**血液凝固**といい，破損部位が血ぺいでふさがれることで出血が止まる。

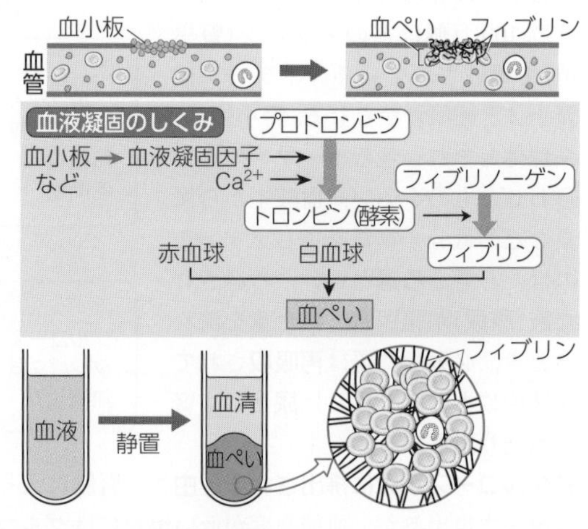

発展　出血すると，血小板などから血液凝固因子が放出される。血液凝固因子は血しょう中のCa^{2+}とともにプロトロンビンからトロンビンという酵素をつくる。トロンビンは，血しょう中のフィブリノーゲンとよばれるタンパク質をフィブリンに変え，これが集まって繊維状になり，赤血球などの血球をからめて血ぺいとなる。

(2) **線溶**　血ぺいによって止血されている間に，血管の傷が修復される。傷口が修復されると，フィブリンを分解して血ぺいを溶かす**線溶**(フィブリン溶解)が起こる。

参考　血液の成分とおもなはたらき

血液は，液体成分である**血しょう**と有形成分である**赤血球・白血球・血小板**からなる。血液の重量の約 55 %が血しょう，約 45 %が有形成分である。

成分		直径(μm)	形状	核	数(/mm^3)	はたらき
有形成分	赤血球	7 ~ 8	円盤状	無	男　410万 ~ 530万 女　380万 ~ 480万	酸素の運搬など
	白血球	6 ~ 20	不定形	有	4000 ~ 9000	免疫
	血小板	2 ~ 3	不定形	無	20万 ~ 40万	血液凝固
液体成分	血しょう	水(約 90 %)，タンパク質(アルブミン・グロブリン・フィブリノーゲンなど，約 7 %)，グルコース(約 0.1 %)，脂質，無機塩類など				栄養分・老廃物の運搬，血液凝固，免疫

参考　酸素の運搬

赤血球のおもなはたらきは酸素の運搬である。これは赤血球に含まれる**ヘモグロビン**(Hb)というタンパク質のはたらきによる。ヘモグロビンは酸素(O_2)濃度と二酸化炭素(CO_2)濃度の高低によって，酸素と結合したり，酸素を離したりする性質がある。肺と組織のO_2濃度とCO_2濃度の違いにより，**酸素ヘモグロビン**(HbO_2)の割合が変化するため，赤血球は活発に活動している組織に効率よく酸素を供給できる。

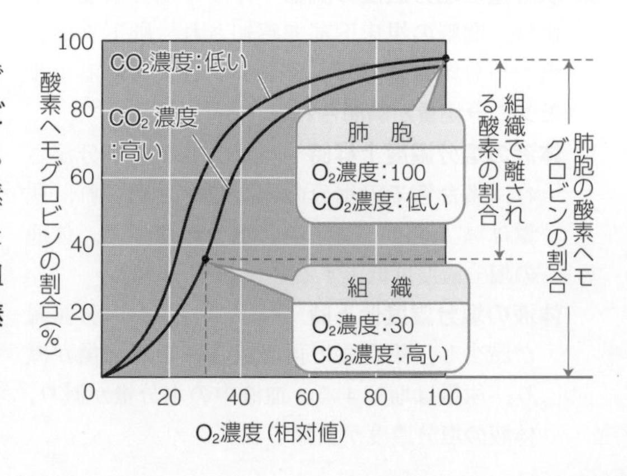

3 免疫のはたらき

A からだを守るしくみ－免疫

生体には，異物の侵入を防いだり，侵入した異物を排除したりして，からだを守る**免疫**というしくみがある。免疫には**物理的・化学的防御**，**食作用**，**適応免疫**（**獲得免疫**）という3つの段階があり，物理的・化学的防御と食作用などをまとめて**自然免疫**という。

B 自然免疫

(1) **物理的・化学的防御**　生体が外界と接する皮膚や粘膜で異物の侵入を防ぐしくみ。

① **物理的防御**　角質層をもつ**皮膚**による保護，鼻や口・消化管・気管などの内壁の**粘膜**，気管の繊毛上皮の運動やくしゃみ・せきによる異物の除去など。

② **化学的防御**　皮脂腺や汗腺の分泌物により皮膚表面を弱酸性に保つことで病原体の繁殖を防ぐ。汗や涙などに含まれるリゾチーム（細菌の細胞壁を分解する酵素）による防御，胃酸による殺菌，腸内細菌による他の細菌の増殖抑制など。

(2) **食作用**　白血球の一種である**好中球**や**マクロファージ**，**樹状細胞**などの**食細胞**は，細菌やウイルスなどの異物が共通してもつ特徴を認識し，取りこみ，分解する。このはたらきを**食作用**という。体内に異物が侵入すると，マクロファージのはたらきなどによって，血管壁の拡張，血流の増大が起こって食細胞が集まり，皮膚が赤く腫れることがある（**炎症**）。炎症が起きた場所では，食作用が促進される。

(3) **自然免疫での異物の排除**　リンパ球のうち，**ナチュラルキラー細胞**（**NK細胞**）は，病原体に感染した細胞やがん細胞がもつ特徴を認識して直接攻撃し，排除する。

C 適応免疫

自然免疫で処理しきれなかった異物に対しては**適応免疫**（**獲得免疫**）がはたらく。

(1) **リンパ球の特異性と多様性**　適応免疫には，**T細胞**と**B細胞**の2種類の**リンパ球**が関与する。T細胞には，**キラーT細胞**と**ヘルパーT細胞**の2種類がある。

補足　T細胞は胸腺（**t**hymus）で，B細胞は骨髄（**b**one marrow）で分化する。

リンパ球は異物に対する特異性が高く，1つのリンパ球につき1種類の異物しか認識できない。そのため，体内にはあらかじめ多様なリンパ球がつくられている。リンパ球の中には自分自身の成分を異物と認識するものもつくられるが，これらは排除されるので，自分自身に対して免疫がはたらかない。このような状態を**免疫寛容**という。

(2) **抗原の提示**　リンパ球が特異的に攻撃する異物を**抗原**という。マクロファージや樹状細胞，B細胞は，取りこんだ異物の一部を細胞表面に提示する。これを**抗原提示**という。抗原を取りこんだ樹状細胞がリンパ節に移動し，抗原提示すると，その抗原に適合するリンパ球だけが活性化されて増殖し，抗原を排除する。

補足　**おもな免疫担当細胞**（すべて白血球の一種）

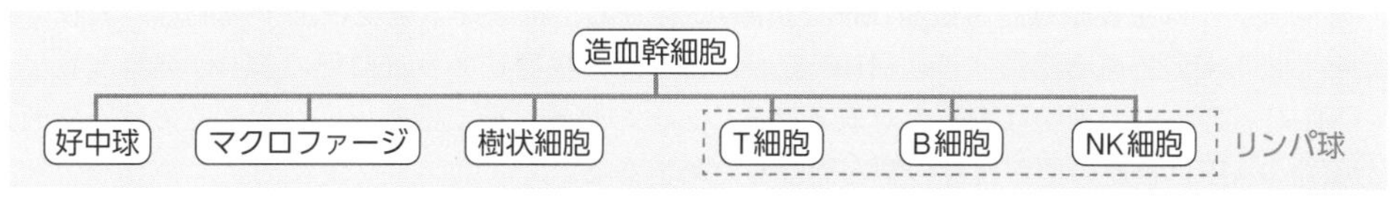

第3章　ヒトの体内環境の維持

(3) **適応免疫のしくみ**　① **抗体による免疫反応**　B細胞は，自分が認識できる異物を取りこみ，その断片を細胞表面に提示する。樹状細胞からの抗原提示を受けて増殖したヘルパーT細胞は，B細胞が提示する抗原を認識し，自分の型と一致するとB細胞を活性化・増殖させる。増殖したB細胞は，**形質細胞**(**抗体産生細胞**)に分化して，**抗体**を体液中に放出する。抗体は**免疫グロブリン**とよばれるタンパク質で，抗原と特異的に結合(**抗原抗体反応**)し，抗原を無毒化する。

② **食作用の増強**　増殖したヘルパーT細胞は，リンパ節を出て感染組織に移動する。そこでマクロファージが提示している抗原を認識し，自分の型と一致すると，そのマクロファージを活性化し，食作用を活発化させる。

③ **感染細胞への攻撃**　増殖したキラーT細胞は，リンパ節を出て感染組織に移動する。そこで感染細胞が細胞表面に提示している断片を認識し，自分の型と一致すると，その細胞に接触して攻撃し，死滅させる。

適応免疫のうち，抗体による免疫反応を**体液性免疫**という。一方，T細胞が中心となって起こる，食作用の増強や感染細胞への攻撃などの免疫反応を**細胞性免疫**という。

キラーT細胞の攻撃によって死滅した感染細胞や，抗体が結合して無毒化された異物は，最終的にマクロファージの食作用により排除される。

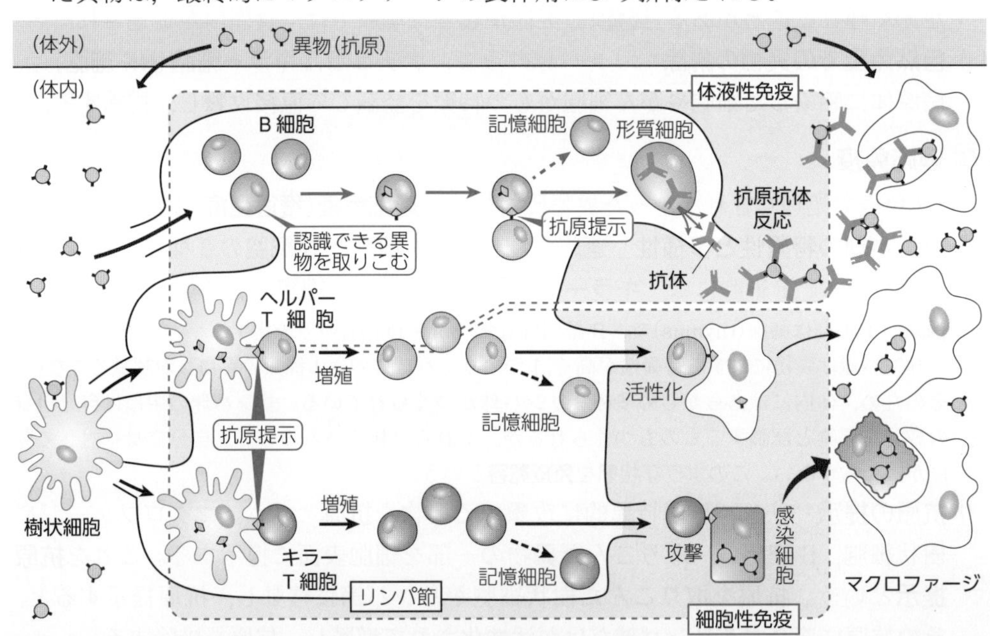

発展　**自己・非自己の認識と臓器移植による拒絶反応**

細胞表面には**主要組織適合抗原**(**MHC抗原**)が存在し，抗原提示を受けたT細胞は，異物の断片とともにMHC抗原も認識する。MHC抗原には多くの種類があり，自己のMHC抗原と異なる型のMHC抗原をもつ細胞は攻撃の対象となる。ヒトの臓器移植で拒絶反応が起こるのは，移植された臓器のMHC抗原の型が自身の型と異なるためである。

(4) **免疫記憶**　抗原の侵入によって活性化したT細胞やB細胞の一部は**記憶細胞**として保存される。同じ抗原が2回目以降に侵入した際には，記憶細胞が速やかに増殖して，強い免疫反応を引き起こす。これを**免疫記憶**といい，最初の抗原侵入時の免疫反応(**一次応答**)に対し，2回目以降の同じ抗原の侵入に対する速やかで強い免疫反応を**二次応答**という。

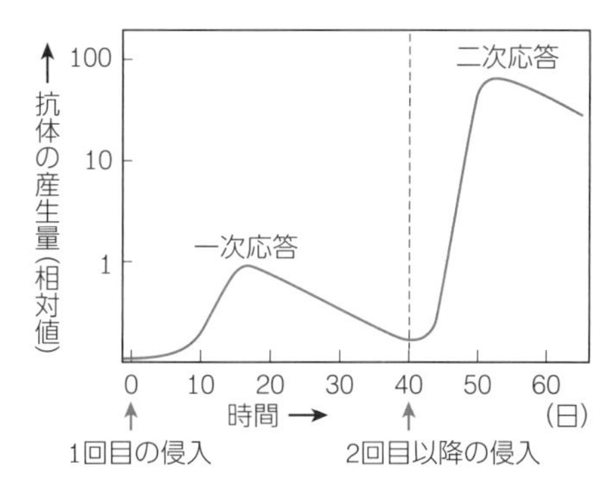

発展　**抗体の構造**

抗体は**免疫グロブリン**とよばれるタンパク質である。免疫グロブリンは，図のように2本のL鎖と2本のH鎖からなる。抗体には，種類によって構造が異なる可変部とよばれる部分があり，その構造と合致する特定の抗原としか結合できない。

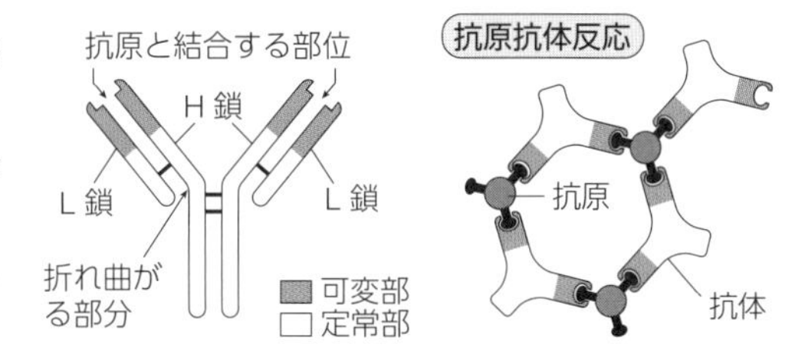

D 免疫と病気

(1) 免疫のはたらきの低下による病気

① **日和見感染**　疲労やストレス，加齢などにより免疫力が低下すると，病原性の低い病原体に感染・発病することがある。これを**日和見感染**という。

② **エイズ**(AIDS，後天性免疫不全症候群)　**エイズ**の原因となる**HIV**(ヒト免疫不全ウイルス)は，ヘルパーT細胞に感染して破壊するため，免疫機能が低下する。

(2) 免疫の異常反応

① **アレルギー**　外界からの異物に対する免疫反応が過敏になり，生体に不利益をもたらすことを**アレルギー**といい，アレルギーを引き起こすものを**アレルゲン**という。アレルギーによって生命にかかわる重篤な症状(**アナフィラキシーショック**)が現れることもある。

② **自己免疫疾患**　自分自身の正常な細胞や組織を抗原と認識して，免疫反応が起こること。関節リウマチやI型糖尿病などが知られている。

(3) 医療への応用

免疫のはたらきを利用して，病気の予防や治療が行われている。

① **予防接種**　死滅させたウイルスや細菌，不活化させた毒素，または弱毒化した病原体などを前もって接種しておくと，体内に記憶細胞がつくられるため，その後同じ抗原が侵入した場合に二次応答が起こり，すばやく抗原を排除できる。このような方法を**予防接種**といい，予防接種の際に接種するものを**ワクチン**という。

② **血清療法**　あらかじめウマなどの動物に毒に対する抗体をつくらせておき，その抗体を含む血清を患者に直接注射する治療方法。即効性がある。

③ **免疫療法**　がん細胞を攻撃するリンパ球の作用を強め，がんを治療する方法。

用語CHECK ◉一問一答で用語をチェック◉

① 動物の神経系を構成している細胞を何というか。 ①

② 神経系を大きく2つに分けた場合，末しょう神経系と何に分けられるか。 ②

③ 末しょう神経系のうち，おもにからだの状態を調節している神経系を何というか。 ③

④ 間脳にあり，③の中枢としてはたらく部分を何というか。 ④

⑤ 心臓の拍動の促進などにはたらく自律神経を何というか。 ⑤

⑥ 胃腸の運動の促進などにはたらく自律神経を何というか。 ⑥

⑦ 内分泌腺から分泌され，特定の組織や器官のはたらきを調節する物質を何というか。 ⑦

⑧ ⑦が特異的に作用する細胞を何というか。 ⑧

⑨ 前葉と後葉に分かれ，さまざまな刺激ホルモンやバソプレシンを放出する内分泌腺を何というか。 ⑨

⑩ 反応の最終産物などが前の段階にもどって作用することを何というか。 ⑩

⑪ 体内の細胞が浸されている液体を何というか。 ⑪

⑫ ⑪は組織液，血液と何の液体成分からなるか。 ⑫

⑬ 体内環境が一定の範囲内に維持されている状態を何というか。 ⑬

⑭ 血液中のグルコース濃度を何というか。 ⑭

⑮ 血液凝固の際に集まり，繊維状になるタンパク質を何というか。 ⑮

⑯ 生体に備わっている，異物の侵入を防いだり，侵入した病原体を排除したりするしくみを何というか。 ⑯

⑰ 食細胞が異物を取りこんで排除するはたらきを何というか。 ⑰

⑱ ⑯のうち，T細胞やB細胞といったリンパ球が中心となって起こる反応を何というか。 ⑱

⑲ ⑱のうち，B細胞が中心となって起こる，抗体による反応を何というか。 ⑲

解答 ① ニューロン（神経細胞） ② 中枢神経系 ③ 自律神経系 ④ 視床下部 ⑤ 交感神経 ⑥ 副交感神経 ⑦ ホルモン ⑧ 標的細胞 ⑨ 脳下垂体（下垂体） ⑩ フィードバック ⑪ 体液 ⑫ リンパ液 ⑬ 恒常性（ホメオスタシス） ⑭ 血糖濃度（血糖値） ⑮ フィブリン ⑯ 免疫 ⑰ 食作用 ⑱ 適応免疫（獲得免疫） ⑲ 体液性免疫

例題 7 血糖濃度の調節

解説動画

右図は，食事の前後について，ヒトの血糖濃度とその調節にかかわるあるホルモンAの血液中の濃度の変化を示したグラフである。

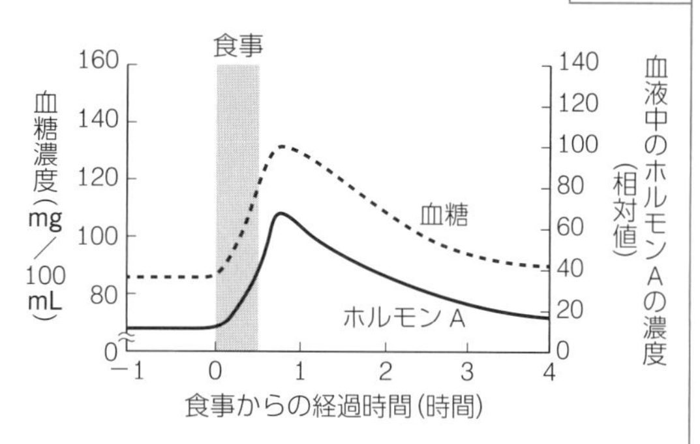

(1) ホルモンAのはたらきとして適当なものは，次の(ア)，(イ)のどちらか。
　(ア) 血糖濃度を低下させる。
　(イ) 血糖濃度を上昇させる。
(2) ホルモンAの名称を答えよ。

指針 グラフから，食事によって血糖濃度が上昇するとホルモンAの濃度も増加し，さらにホルモンAの濃度が上昇すると，血糖濃度が低下していることがわかる。このように，血糖濃度が上昇したときに分泌が促進され，血糖濃度を低下させるはたらきをもつホルモンはインスリンのみである。

解答 (1) **ア**　(2) **インスリン**

例題 8 免疫記憶

解説動画

右図は，マウスにある抗原Aを注射し(1回目)，その6週間後に再び同量の抗原Aを注射した(2回目)ときの，マウスの体内で産生された抗体の量の変化を示している。ただし，抗原Aはこのマウスにこれまで侵入したことはないものとする。

(1) 2回目に抗原Aを注射したときに見られる，1回目との違いについて，最も適切なものを次の(ア)～(エ)から1つ選べ。
　(ア) 産生される抗体の量も，抗体が産生され始めるまでの日数も変わらない。
　(イ) 産生される抗体の量は増えるが，抗体が産生され始めるまでの日数は変わらない。
　(ウ) 産生される抗体の量は変わらないが，抗体が産生され始めるまでの日数は短くなる。
　(エ) 産生される抗体の量は増え，抗体が産生され始めるまでの日数は短くなる。
(2) (1)で見られたような変化が起こったのは，2種類のある細胞が記憶細胞として体内に残っていたためである。この2種類の細胞の名称を答えよ。

指針 (1) 2回目に注射したときのほうが，グラフが高い値まで上昇しているので，産生される抗体の量が多いことがわかる。また2回目のほうが，グラフが早く立ち上がっているので，抗体が産生され始めるまでの日数が短くなっていることがわかる。
(2) 活性化したT細胞(ヘルパーT細胞)とB細胞の一部が記憶細胞となって体内に残ることで，2回目の抗原の侵入時に素早く大量の抗体を産生することができる。

解答 (1) **エ**　(2) **B細胞，T細胞(ヘルパーT細胞)**

基本問題　リード C

知 **79. 神経系①●**　次の文章中の空欄に当てはまる語句を，下の語群から選べ。

ヒトのからだは，(　①　)と(　②　)という2つのしくみによって，体内の状態の変化が伝えられている。(　①　)はからだの各器官に直接つながることで情報を伝え，(　②　)はホルモンとよばれる物質を血液中に分泌することで情報を伝えている。

(　①　)は(　③　)と(　④　)に分けられる。(　③　)は脳と脊髄からなり，(　④　)は(　③　)とからだの各器官をつないでいる。(　④　)のうち，おもにからだの状態を調節しているのが(　⑤　)である。

〔語群〕 (a) 内分泌系　(b) 神経系　(c) 自律神経系
(d) 末しょう神経系　(e) 中枢神経系

知 **80. 神経系②●**　動物の神経系に関する，以下の問いに答えよ。

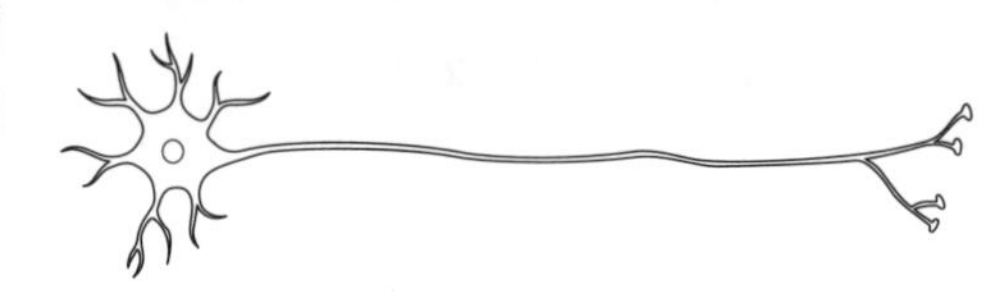

(1) 右図は，ヒトの情報伝達にかかわる細胞を示したものである。図のような細胞を何というか。
(2) この細胞が集合し，判断と命令を行っている神経系を何というか。

知 **81. 脳の構造●**　図は，ヒトの脳の断面を示している。

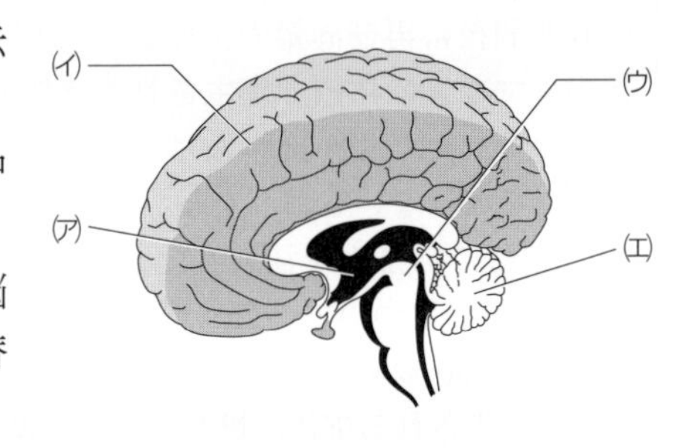

(1) 図中の(ア)～(エ)の脳の部位の名称を，次の中からそれぞれ選べ。
(a) 大脳　(b) 中脳　(c) 小脳　(d) 間脳
(2) 多くのニューロンから構成される，脳や脊髄からなる神経系を何というか。

知 **82. 脳のはたらき●**　次の文章を読み，以下の問いに答えよ。

ヒトの脳はいくつかの部位に分けることができ，それぞれの部位ではたらきが異なっている。脳の部位は，自律神経系や内分泌系の中枢である(　①　)，記憶・思考・意思の中枢である(　②　)，姿勢保持や眼球運動，瞳孔反射の中枢である(　③　)，筋肉運動の調節やからだの平衡を保つ中枢である(　④　)，呼吸や血液循環などの生命活動にかかわるはたらきの中枢である(　⑤　)などに分けられる。

<u>脳が損傷を受けると，脳全体の機能が停止し，回復不可能な状態となる場合がある。</u>

(1) 文章中の空欄に当てはまる語句を，次の語群から選べ。
〔語群〕 大脳　間脳の視床下部　中脳　延髄　小脳
(2) 下線部のような状態を何というか。

知 **83. 神経による調節**● 次の文章中の空欄に当てはまる語句を，下の語群から選べ。

(①)神経系は，(②)神経と(③)神経からなる。(②)神経はすべて(④)から出て各臓器へ分布している。(③)神経は中脳，延髄および(④)下部から出て各臓器へ分布している。(②)神経と(③)神経は，一方がはたらいている場合には，他方が抑制される関係にある。一般に，(⑤)時には(②)神経が，(⑥)時には(③)神経がはたらく。これらのはたらきは，上位の中枢である(⑦)脳の(⑧)により支配されている。

〔語群〕 (a) 興奮　(b) 休息　(c) 交感　(d) 副交感
(e) 自律　(f) 脊髄　(g) 視床下部　(h) 間

知 **84. 自律神経系**● 右図は，ヒトの脳と脊髄を図の両側に示して自律神経の分布を表した模式図である。

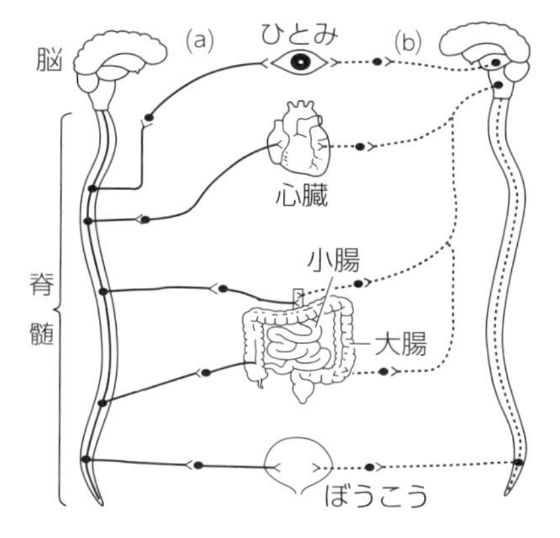

(1) 図中に実線で示した神経(a)と破線で示した神経(b)の名称を，それぞれ答えよ。

(2) 自律神経のはたらきを総合的に調節するのは，脳のどの部分か。

(3) 下の表は，図中の神経(a)および神経(b)のはたらきをまとめたものである。表の①，②には神経(a)，(b)のどちらが当てはまるか。また，表の(ア)～(カ)に，促進または抑制のうち適当なものを入れよ。

自律神経	ひとみ	心臓の拍動	消化管の運動	排尿
(①)	縮小	(ア)	(ウ)	(オ)
(②)	拡大	(イ)	(エ)	(カ)

知 **85. 心臓と自律神経系**● 図は，ヒトの心臓の断面を示したものである。次の文章を読み，以下の問いに答えよ。

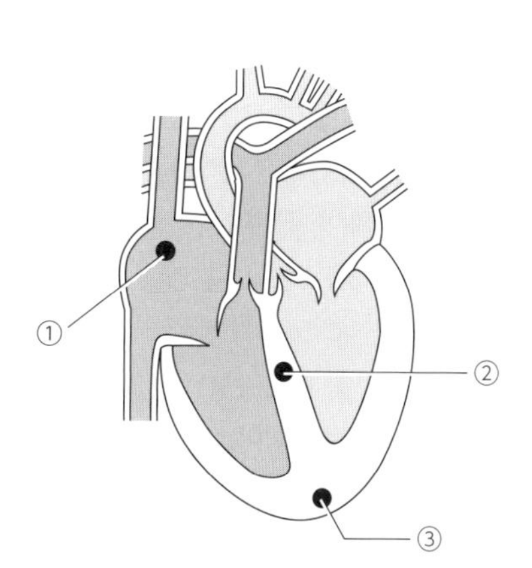

心臓の拍動は，自律神経系によって調節されている。また，心臓は自律神経系による調節がなくても，一定のリズムでの拍動を維持することができる。これは，心臓の<u>ある部位</u>が心臓全体に信号を周期的に発するからである。

(1) 心臓の拍動を促進する自律神経は何か。

(2) 心臓の拍動を抑制する自律神経は何か。

(3) 下線部の部位を何というか。また，その位置は図の①～③のどこか。

知 **86. 内分泌腺とホルモン①●** 表は，ヒトの内分泌腺とホルモンについてまとめたものである。

内分泌腺		ホルモン	はたらき
脳下垂体	前葉	(a)	タンパク質の合成促進・骨の発育促進
		甲状腺刺激ホルモン	①
		副腎皮質刺激ホルモン	②
	後葉	(b)	腎臓での水分の再吸収を促進
甲状腺		チロキシン	③
副腎	髄質	(c)	血糖濃度を上げる
	皮質	(d)	タンパク質からの糖の合成促進
		鉱質コルチコイド	腎臓での Na^+ の再吸収を促進
すい臓のランゲルハンス島		(e)	血糖濃度を下げる
		グルカゴン	④

(1) 表の(a)～(e)に当てはまるホルモンの名称を答えよ。

(2) 表の①～④に当てはまるホルモンのはたらきを，次の(ア)～(エ)から選べ。

(ア) 糖質コルチコイドの分泌促進　(イ) チロキシンの分泌促進

(ウ) グリコーゲンの分解を促進　(エ) 代謝を促進し，成長と分化を促進

知 **87. 内分泌腺とホルモン②●** 下図は，ヒトのおもな内分泌腺を示したものである。

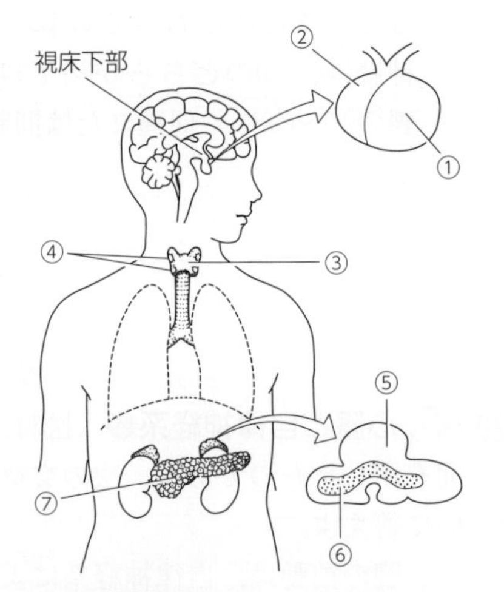

(1) 図の内分泌腺①～⑦の名称を，それぞれ答えよ。

(2) 次の(a)～(f)のはたらきをするホルモンを，あとの(ア)～(ケ)から選べ。また，それを分泌する内分泌腺を，図の①～⑦から選べ。

(a) 糖質コルチコイドの分泌を促進する。

(b) 毛細血管を収縮させて血圧上昇をはかり，腎臓での水分の再吸収を促進する。

(c) 組織での糖の消費と肝臓でのグリコーゲンの合成を促進し，血糖濃度を低下させる。

(d) 血液中の Ca^{2+} 濃度を上げる。

(e) 腎臓での Na^+ の再吸収を促進する。

(f) 代謝を促進し，両生類では変態を促進する。

(ア) パラトルモン　(イ) チロキシン　(ウ) 甲状腺刺激ホルモン

(エ) インスリン　(オ) 糖質コルチコイド　(カ) 副腎皮質刺激ホルモン

(キ) アドレナリン　(ク) 鉱質コルチコイド　(ケ) バソプレシン

(3) 図の②から分泌されるホルモンは，②以外の別の場所にある細胞で合成されたものである。

(a) ②から分泌されるホルモンの合成を行う場所はどこか。

(b) ②から分泌されるホルモンを合成する機能をもつ細胞を特に何とよぶか。

知 **88. ホルモン分泌量の調節①●** 図は，あるホルモン(A)の分泌量が一定の範囲に保たれるしくみを模式的に表したものである。以下の問いに答えよ。

(1) ホルモンが特異的に作用する細胞を何というか。
(2) 図中のホルモン(A)は，代謝を促進するはたらきがある。(A)の名称を答えよ。
(3) 図中のホルモン(B)，(C)の名称，およびホルモン(C)を分泌する間脳の部位(X)の名称を答えよ。
(4) 図中の矢印(P)が示すように，ホルモン(A)には，ホルモン(B)，(C)の分泌を抑制するはたらきもある。このように，最終的なはたらきの効果が前の段階にもどって効果を及ぼすことを何というか。

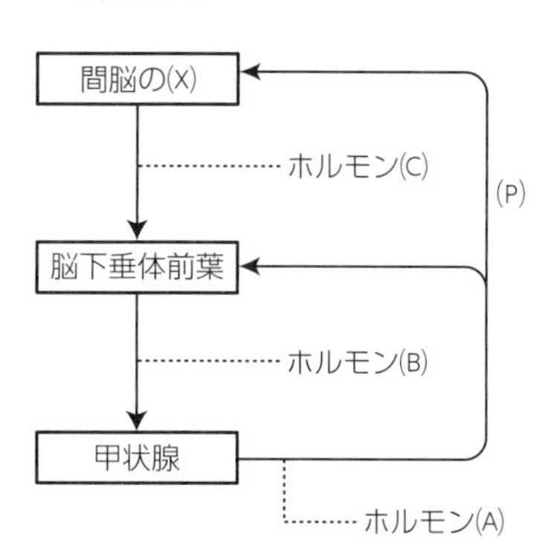

知 **89. ホルモン分泌量の調節②●** 次の文章を読み，以下の問いに答えよ。

チロキシンは甲状腺で産生，分泌され，血液によって運ばれ，さまざまな組織や器官に作用して代謝を促進するホルモンである。チロキシン濃度が低下すると，甲状腺刺激ホルモン放出ホルモンの分泌量が(　①　)し，甲状腺刺激ホルモンの分泌量は(　②　)する。チロキシン濃度が上昇すると，甲状腺刺激ホルモン放出ホルモンの分泌量が(　③　)し，甲状腺刺激ホルモンの分泌量は(　④　)する。

(1) 文章中の空欄に当てはまる適切な語を次から選び，それぞれ記号で答えよ。
(a) 増加　　(b) 減少
(2) チロキシンの調節でみられるように，最終産物や最終的なはたらきの効果が前の段階にもどって作用を及ぼすことを何というか。

知 **90. 体液の種類●** 次の文章中の空欄に当てはまる語句を，下の語群から選べ。

ヒトの体内の細胞は，(　①　)とよばれる液体に浸されている。これは体外環境に対して(　②　)とよばれ，(　①　)は血管内を流れる(　③　)と，リンパ管を流れる(　④　)，および組織や細胞間にある(　⑤　)に分けられる。(　②　)が一定の範囲内に維持されていることを(　⑥　)またはホメオスタシスという。

〔語群〕 血液　リンパ液　組織液　体液　体内環境　恒常性

知 **91. 血液の成分●** 次の文章中の空欄に当てはまる語句を答えよ。

血液は，液体成分である(　①　)と，有形成分からなる。(　①　)の成分の約90％は水で，このほかにもさまざまな物質が含まれており，栄養分や老廃物の運搬，免疫などの役割を担っている。有形成分には(　②　)，(　③　)，(　④　)の3種類がある。(　②　)は内部にヘモグロビンとよばれるタンパク質を多く含み，酸素の運搬にはたらく。(　③　)には，体内に侵入した細菌や異物を排除するはたらきがある。(　④　)には，血液を(　⑤　)させ，出血を止めるはたらきがある。

知 92. 血液とそのはたらき● 次の(1)～(4)の文章が示す血液の成分の名称をそれぞれ答えよ。

(1) 酸素濃度が高いところで酸素と結合するヘモグロビンを含む。
(2) 約90％が水であり，タンパク質やグルコースなどを含む。
(3) 有形成分の中で最も数が少なく，免疫にはたらく。
(4) 有形成分の中で最も小さく，血液凝固にはたらく。

知 93. ヒトの体液● 次の文章を読み，以下の問いに答えよ。

ヒトなどの多くの動物では，体外環境が変化しても，体内環境である体液の状態はほぼ一定に保たれている。ヒトの体液は，血液，リンパ液，（ ① ）からなる。これらのうち，血液は，有形成分である（ ② ），（ ③ ），（ ④ ）と，液体成分である（ ⑤ ）からなる。

表は，ヒトの男性の血液の有形成分（ ② ）～（ ④ ）についてまとめたものである。

有形成分	核	数(/mm³)	はたらき
②	無	20万～40万	(A)
③	無	410万～530万	(B)
④	有	4000～9000	免疫

(1) 下線部のような状態を何というか。
(2) ①～⑤に当てはまる語句を答えよ。
(3) 表中の(A)，(B)に当てはまるはたらきを，次の(ア)～(ウ)から1つずつ選べ。
　(ア) 血液凝固　(イ) 酸素の運搬　(ウ) 栄養分・老廃物などの運搬
(4) ヒトの血液の液体成分⑤のはたらきを，(3)の(ア)～(ウ)から1つ選べ。

知 94. 血糖濃度の調節にはたらくホルモン● 次の文章を読み，以下の問いに答えよ。

ヒトの血糖濃度はおよそ（ X ）％に保たれている。食事などによって炭水化物を摂取すると，血糖濃度が一時的に上昇する。すると，すい臓のランゲルハンス島のB細胞から（ ① ）というホルモンが分泌される。（ ① ）は細胞中のグルコースの消費を促進するとともに，肝臓でのグルコースから（ ② ）への合成を促進し，血糖濃度を低下させる。

逆に，激しい運動の後などに血糖濃度が低下すると，副腎髄質から（ ③ ）が分泌される。（ ③ ）は肝臓での（ ② ）の分解を促進し，血糖濃度を上昇させる。また，すい臓のランゲルハンス島のA細胞から分泌される（ ④ ）にも（ ② ）の分解を促進し，血糖濃度を上昇させるはたらきがある。

(1) 文章中の空欄①～④に当てはまる語句を答えよ。
(2) 文章中のXに当てはまる数値を，次の中から選んで記号で答えよ。
　(ア) 10　(イ) 1　(ウ) 0.1　(エ) 0.01
(3) ①のホルモンの分泌を促す自律神経は何か。
(4) タンパク質からの糖の合成を促進して，血糖濃度を上昇させるホルモンは何か。
(5) 血糖濃度を調節する中枢はどこにあるか。

知 **95. 血糖濃度の調節**● ヒトの血糖濃度の調節のしくみについて，以下の問いに答えよ。

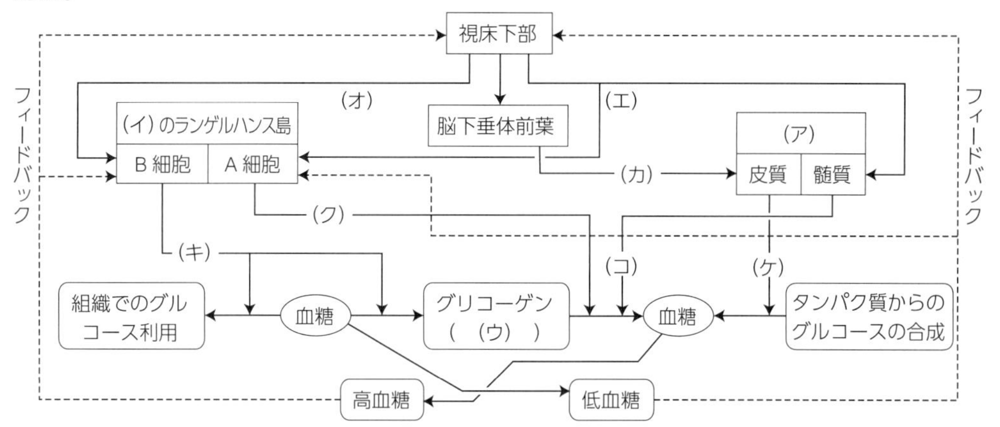

(1) 図は，血糖濃度調節のしくみを表したものである。(ア)～(ウ)に適する器官を答えよ。

(2) (エ)と(オ)に適する神経および，(カ)～(コ)に適するホルモンを次の中から選べ。

① 交感神経　② 副交感神経　③ インスリン
④ グルカゴン　⑤ アドレナリン　⑥ 糖質コルチコイド
⑦ 副腎皮質刺激ホルモン

(3) 血糖に関する以下の記述のうち，誤っているものを1つ選べ。

① 健康な人の血糖濃度は常に一定である。
② 糖尿病患者の血糖濃度は，健康な人よりも高い。
③ 間脳の視床下部は，血糖濃度の増減を感知している。
④ すい臓に，血糖濃度の増加を感知する細胞がある。

知 **96. 食事による血糖濃度とホルモンの変化**● 次の図は，食事の前後について，ヒトの血糖濃度とその調節にかかわるホルモンXとホルモンYの血液中の濃度変化を示したグラフである。なお，ホルモンX，ホルモンYはすい臓から分泌される。

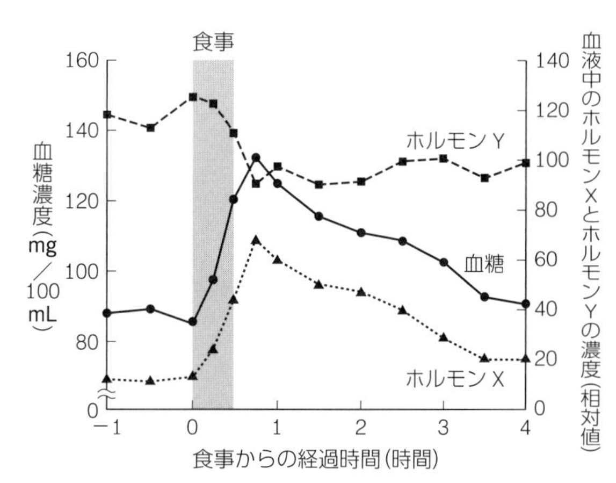

(1) ホルモンX，ホルモンYの名称をそれぞれ答えよ。

(2) ホルモンX，ホルモンYを分泌する細胞として適切なものを次の中からそれぞれ選べ。

(ア) ランゲルハンス島のA細胞
(イ) ランゲルハンス島のB細胞

(3) ホルモンX，ホルモンYのうち，血糖濃度を下げるはたらきをもつのはどちらか。

▷p.61 例題7

思 **97. 糖尿病とインスリン●** 図のA，Bは，Ⅰ型糖尿病患者と健康な人の，食事による血糖濃度とインスリンの濃度の変化を示したグラフである。

(1) 健康な人のグラフはどちらか。

(2) この患者の血糖濃度が，健康な人と比べて高い原因として適切なものを，次から1つ選べ。

① 分泌されたインスリンが標的器官に作用していないため。

② 健康な人に比べて，体内でインスリンが十分に分泌されていないため。

③ 食事により摂取したデンプンをグルコースに分解できないため。

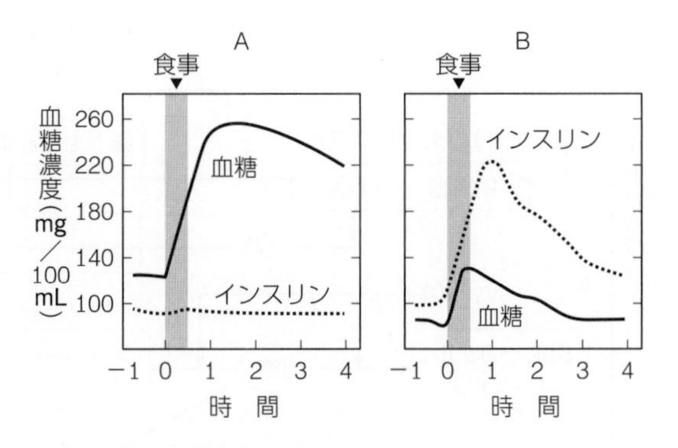

知 **98. グルコースと尿●** ヒトの腎臓に関する次の文章を読み，以下の問いに答えよ。

腎臓に入ってきた血液は，(a)という部分でこし出される。このはたらきを(b)といい，(b)されたものを(c)という。(c)は細尿管に送られ，(c)に含まれる(d)はすべて血液へ(e)される。しかし，高血糖の状態が続くと，過剰な量の(d)を(e)しきれず，結果として尿中に(d)が排出されてしまう。

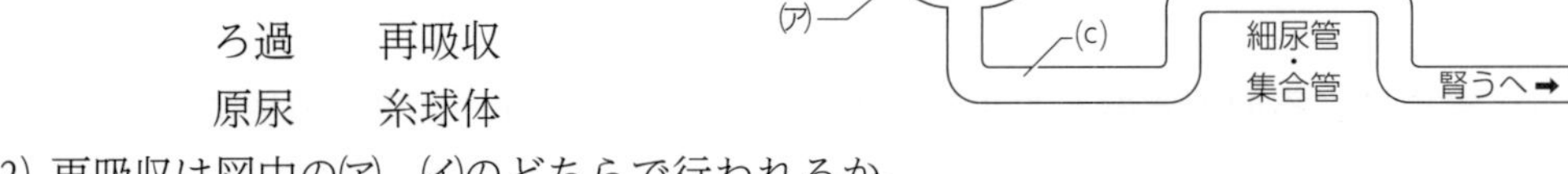

図は，ヒトの腎臓で尿が作られる過程を示したものである。

(1) 文章中の空欄に適する語句を，次の語群から選べ。

〔語群〕 尿　グルコース　ろ過　再吸収　原尿　糸球体

(2) 再吸収は図中の(ア)，(イ)のどちらで行われるか。

知 **99. 体温調節●** 右図は，ヒトの寒冷時における体温調節機構の模式図である。

(1) 図中の内分泌腺(ア)〜(ウ)およびホルモン(a)〜(e)の名称を記せ。ただし，(ウ)の皮質からは(d)が，髄質からは(e)が分泌される。

(2) (エ)のような調節機構を何というか。

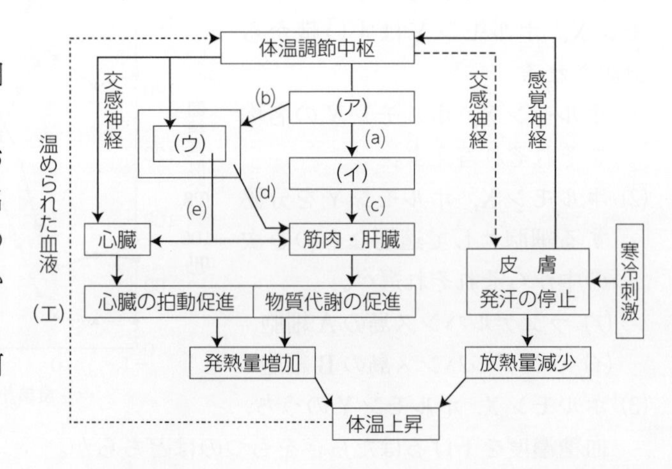

知 100. 体液濃度の調節● 次の文章を読み，以下の問いに答えよ。

ヒトでは，水分の摂取量が少ない状態が続くと，体液濃度(体液の塩分濃度)は高くなる。すると，脳下垂体の[(a)]より[(b)]が分泌され，水の排出が抑えられ，濃い尿が出る。逆に，多量の水を飲むなどして体液濃度が下がると，[(b)]の分泌が抑制されて，水分の再吸収が[(c)]される。

(1) 文章中の空欄に適する語句を，下の語群から1つずつ選べ。

〔語群〕 前葉　促進　バソプレシン　A細胞
　　　　後葉　抑制　パラトルモン　B細胞

(2) 下線部で，(b)による水の排出を抑えるはたらきとして適切なものを次の①～④から1つ選べ。

① 集合管から毛細血管への水の移動の促進
② 毛細血管から腎臓への水の移動の促進
③ 集合管から毛細血管へのイオンの移動の促進
④ 毛細血管から腎臓へのイオンの移動の促進

(3) 下線部のはたらきの結果，血液中の水分量および体液濃度はどう変化するか。

知 101. 血液凝固①● 血液凝固に関する次の文章を読み，以下の問いに答えよ。

血液には，凝固して出血を止めるしくみがある。例えば，新鮮な血液を採取後に静置すると，図のように(ア)かたまりが生じる。これは，血しょう中の(イ)タンパク質が赤血球や白血球などをからめてできたものである。

(1) 有形成分のうち，血液凝固に中心的にかかわる成分の名称を答えよ。
(2) 下線部(ア)のかたまりを何というか。
(3) 図の(a)の部分にあたる上澄みを何というか。
(4) 下線部(イ)のタンパク質を何というか。
(5) 血管が修復されると，下線部(ア)は分解される。この現象を何とよぶか。

(a)
かたまり

知 102. 血液凝固②● 図は，血管が破損した際に起こる一連の反応の過程を示したものである。

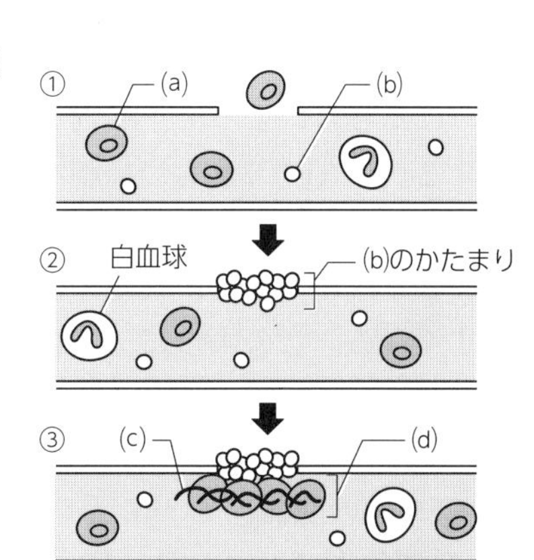

(1) (a)～(d)の名称を，次の語群から1つずつ選べ。

〔語群〕 フィブリン　血ぺい　血小板
　　　　血しょう　血清　赤血球

(2) 図の(d)ができる一連の過程を何というか。
(3) 次の(ア)～(ウ)のうち，正しいものを1つ選べ。

(ア) 血液を試験管に入れて静置すると，血しょうと血ぺいに分離する。
(イ) フィブリンはタンパク質でできている。
(ウ) 健康なヒトの体内では，血ぺいを溶かしてしまう線溶は起こらない。

知 **103. 免疫●** 生体には病原体などの侵入を防いだり，侵入した異物を排除したりする(　①　)とよばれるしくみが備わっている。(　①　)は，(a)物理的・化学的防御，(b)食作用，(　②　)の3つに大別される。物理的・化学的防御と食作用をまとめて(　③　)といい，(　③　)で排除しきれなかった異物に対して(　②　)がはたらく。

(1) 文章中の空欄に当てはまる語句を答えよ。

(2) 文章中の下線部(a)に関連して，次の(ア)～(ウ)は，それぞれ物理的防御，化学的防御のどちらを説明したものか答えよ。

(ア) 皮膚の表面には，ケラチンを多く含む角質層がある。

(イ) 皮脂腺や汗腺からの分泌物は，皮膚の表面を弱酸性に保っている。

(ウ) 汗や涙には細菌の細胞壁を破壊するリゾチームという酵素が含まれている。

(3) 文章中の下線部(b)のはたらきを行う細胞を3種類答えよ。

知 **104. 免疫にかかわる部位●** 図は，ヒトの免疫にかかわる部位を示したものである。

(1) (a)～(c)の名称を答えよ。ただし，(c)は骨の内部を満たす組織を示している。

(2) (a)～(c)の説明として適切なものを，(ア)～(ウ)からそれぞれ1つずつ選べ。

(ア) T細胞を分化・成熟させる。

(イ) 白血球の増殖・分化やリンパ球の生成が行われる。

(ウ) リンパ管の途中にある器官で，多数のリンパ球が集まり，抗原提示が行われる。

知 **105. 自然免疫●** 図は，病原体などの異物が侵入した際に，血管付近で起こる異物の排除のしくみを模式的に示したものである。

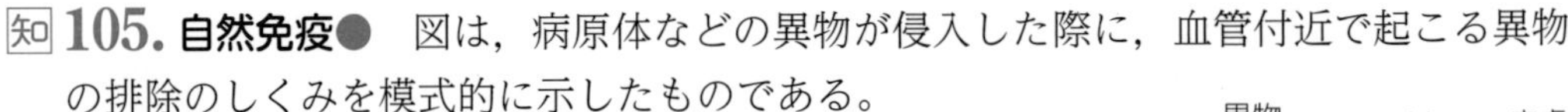

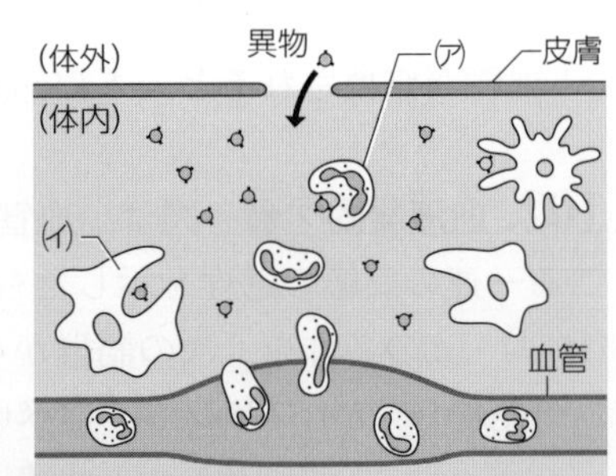

体内に病原体などの異物が侵入すると，図中の(ア)などの細胞が毛細血管の壁を通り抜け，異物が侵入した組織に移動する。これらの細胞は，(　①　)というはたらきによって，異物を細胞内に取りこみ分解する。(　①　)をもつ細胞を(　②　)とよぶ。さらに，(イ)などによって血管壁の拡張，血流量の増大が起こり，(　②　)が異物の侵入した組織に集まりやすくなる。このように，血管壁が拡張したり血流が増えたりすると，その部位の皮膚が熱をもって赤く腫れることがある。このような反応を(　③　)という。

(1) 図中の細胞(ア)，(イ)の名称を答えよ。

(2) 文章中の空欄①～③に当てはまる語句を答えよ。

(3) 自然免疫にかかわり，病原体に感染した細胞やがん細胞などを直接攻撃し，排除する細胞を何というか。

知 **106. リンパ球の特異性と多様性** ● 適応免疫では，(a)2 種類のリンパ球が中心となってはたらく。リンパ球は異物を特異的に認識するが，個々のリンパ球は 1 種類の異物しか認識できない。体内には多様なリンパ球が用意されているが，ふつう(b)自分のからだに対しては免疫がはたらかない状態に保たれている。

(1) 下線部(a)のリンパ球の名称を 2 つ答えよ。

(2) 下線部(b)の状態を何というか。

(3) 下線部(b)の状態が保たれている理由として正しいものを下の①～③から 1 つ選べ。

① 自分自身の成分に反応するリンパ球は排除されるため。

② 自分自身の成分に反応するリンパ球はつくられないため。

③ 自分自身の成分に反応するリンパ球では免疫反応が引き起こされないため。

知 **107. 適応免疫①** ● 次の文章を読み，以下の問いに答えよ。

抗原となる異物を取りこんだ(　①　)は，(a)異物の一部を細胞の表面に提示する。(　①　)の提示を受けた T 細胞は活性化して増殖し，適応免疫を発動する。T 細胞のうち，(　②　)は，感染細胞などを直接攻撃して死滅させ，(　③　)は，マクロファージを活性化させて食作用をより活発にする。また，(　③　)は，(　④　)も活性化させる。活性化した(　④　)は(　⑤　)に分化し，(　⑥　)を生産して血液中に放出する。(　⑥　)は，(b)抗原と特異的に結合して抗原を無毒化する。

(1) 文章中の空欄に当てはまる語句を，下の語群から選べ。

〔語群〕 キラー T 細胞　　樹状細胞　　B 細胞　　NK 細胞
ヘルパー T 細胞　　形質細胞　　抗体　　好中球

(2) 文章中の下線部(a)，(b)をそれぞれ何というか。

知 **108. 適応免疫②** ● 図は，適応免疫のしくみを示したものである。

(1) 図中の細胞(a)～(g)の名称を，次からそれぞれ選べ。

① B 細胞　　② 樹状細胞
③ 形質細胞　　④ 記憶細胞
⑤ マクロファージ
⑥ キラー T 細胞
⑦ ヘルパー T 細胞

(2) 図中のアのはたらきおよびイの反応をそれぞれ何というか。

(3) 図の(A)に示したような免疫を何というか。

(4) 図の(B)に示したような，抗体による免疫を何というか。

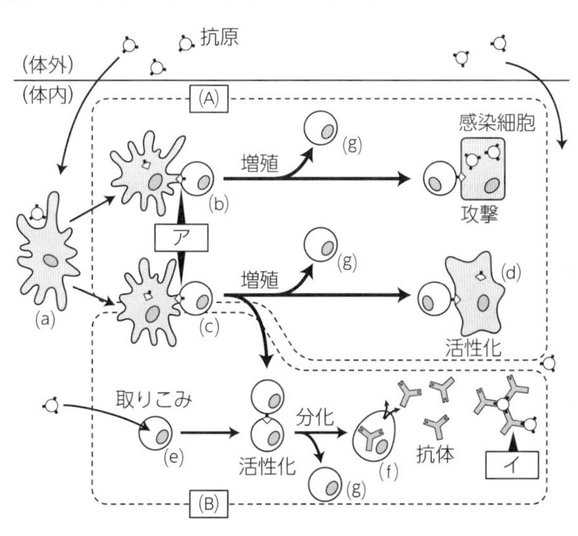

知 **109. 免疫にかかわる細胞**● 次の図の(ア)～(エ)は，免疫にかかわる細胞を模式的に示したものである。また，以下の文章は，細胞(ア)～(エ)の特徴について述べたものである。(ア)～(エ)の細胞の名称をそれぞれ答えよ。ただし，図に示した細胞の相対的な大きさは無視してよい。

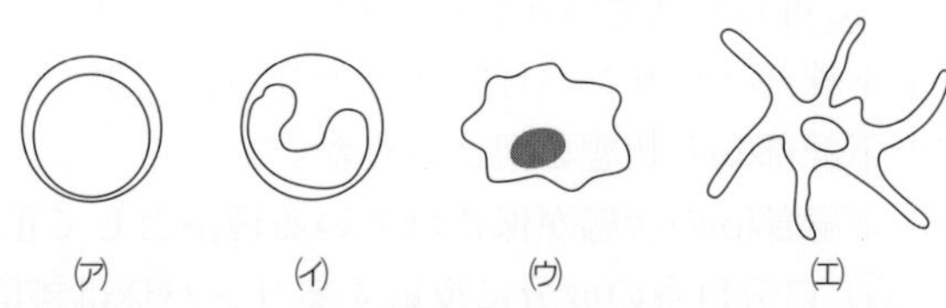

(ア)にはT細胞やB細胞などといった適応免疫にかかわる細胞や，NK細胞のように自然免疫にかかわる細胞などがある。(イ)，(ウ)，(エ)は食作用を行う食細胞である。(ウ)や(エ)は異物を認識するとその異物を取りこんで分解し，一部を細胞の表面に提示する抗原提示を行う。キラーT細胞に攻撃されて死んだ感染細胞や，抗体が結合して無毒化された異物は，(ウ)の食作用によって処理される。

知 **110. 免疫記憶**● 次の文章を読み，以下の問いに答えよ。

適応免疫で増殖したリンパ球の一部は(　①　)として保存され，同じ抗原が再び体内に侵入すると，速やかに増殖する。このようなしくみを(　②　)という。初めて抗原が侵入したときの免疫反応を(　③　)，同じ抗原が再び侵入したときに(　①　)が引き起こす免疫反応を(　④　)といい，(　③　)に比べて短い時間で発動する。

(1) 文章中の空欄に当てはまる語句を答えよ。

(2) 右図は，マウスに1回目として物質Aを注射した後，マウスが生産する抗体量の変化を示したものである。次の①，②の場合，抗体産生量はどのようになるか。それぞれグラフ中の(ア)～(ウ)から選べ。

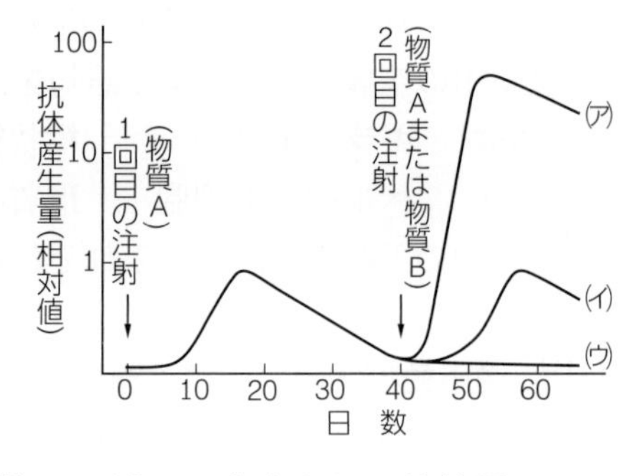

① 2回目として物質Aを注射した場合，物質Aに対して産生される抗体量。

② 2回目として物質Bを注射した場合，物質Bに対して産生される抗体量。

▷p.61 例題8

思 **111. 適応免疫と皮膚移植**● 次の文章を読み，以下の問いに答えよ。

右図のように，あるマウスAに，形質の異なるマウスBの皮膚を移植すると，移植した皮膚は10日後に脱落した。その1か月後，同じマウスAに，再びマウスBの皮膚を移植した。

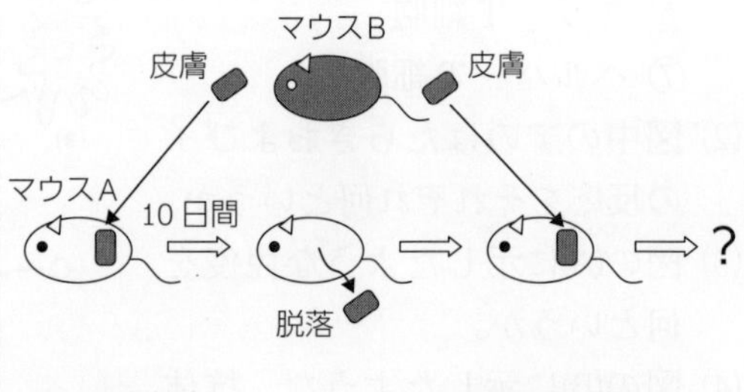

(1) 1回目の移植で皮膚が脱落したのは，移植したマウスBの皮膚が，マウスAの体内で異物として認識され，攻

撃されたことが原因である。マウスBの皮膚を攻撃した細胞の名称を答えよ。

(2) 2回目の移植はどのような結果になると考えられるか。(ア)～(エ)から最も適切なものを選べ。

(ア) 移植したマウスBの皮膚は脱落しない。

(イ) 移植から10日で，マウスBの皮膚が脱落する。

(ウ) 移植から10日よりも早く，マウスBの皮膚が脱落する。

(エ) 移植から10日よりも遅く，マウスBの皮膚が脱落する。

知 **112. 免疫と病気**● 次の文章を読み，以下の問いに答えよ。

免疫はわたしたちの健康と大きくかかわっている。免疫が過剰にはたらいて，からだに不都合な症状が現れることを(①)という。花粉症なども(①)の一種であることが知られている。(①)の原因となる物質を(②)という。また，免疫は自己の正常な細胞を攻撃してしまうことがある。この疾患を(③)という。

(1) 文章中の空欄に当てはまる語句を答えよ。

(2) ③の例として正しいものを(ア)～(エ)からすべて選べ。

(ア) Ⅰ型糖尿病　　(イ) 鎌状赤血球貧血症

(ウ) 関節リウマチ　　(エ) インフルエンザ

(3) 免疫のはたらきが低下する病気として，エイズがある。エイズについて説明した(ア)～(エ)について正しい場合は○を，誤っている場合は×を答えよ。

(ア) エイズの原因となるHIVは，ヘルパーT細胞に感染する。

(イ) エイズの原因となるHIVは，細菌の一種である。

(ウ) エイズにかかると，免疫の過剰反応が起きる。

(エ) エイズにかかった状態では，日和見感染が起こりやすい。

知 **113. 免疫と医療**● 免疫のはたらきは，医療にも応用されている。これに関連した次の文章を読み，以下の問いに答えよ。

免疫のはたらきを医療に応用した例として，予防接種と血清療法が知られている。予防接種は，抗体をつくる能力を人工的に高めるものである。一方，血清療法は，毒に対する抗体を含む血清を注射する治療方法である。

(1) 予防接種と血清療法に関する次の記述(ア)～(オ)のうち，正しいものをすべて選べ。

(ア) 血清療法では，毒素に対する抗体を，あらかじめウマなどの動物につくらせて使用する。

(イ) 予防接種では，毒素に対する抗体を注射する。

(ウ) インフルエンザの予防接種は，はしかの予防にも効果がある。

(エ) 血清療法と予防接種は，どちらも適応免疫を応用したものである。

(オ) 予防接種は，破傷風やヘビ毒の治療に用いられる。

(2) 予防接種の際に接種するものを何というか。

章末総合問題 リード C+

思 114. チロキシンの分泌量の調節に関する以下の問いに答えよ。

図のホルモン(A)，ホルモン(B)はチロキシンの分泌量を調節するはたらきをもち，①～③はホルモン(A)，ホルモン(B)およびチロキシンを放出する内分泌腺である。

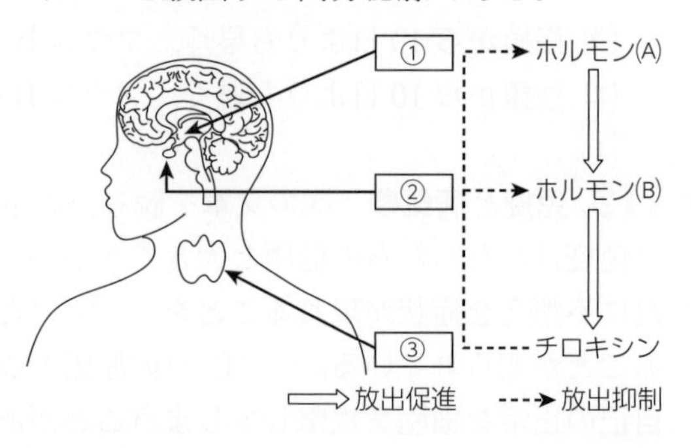

(1) ホルモン(A)，ホルモン(B)の名称をそれぞれ答えよ。

(2) 図中の内分泌腺①～③の名称をそれぞれ答えよ。

(3) 何らかの影響で②のはたらきが低下した場合，血液中のチロキシン濃度は健康な人と比べてどうなるか。次の(a)～(c)から1つ選べ。

(a) 増加する　(b) 変化しない　(c) 減少する

(4) 何らかの影響で③のはたらきが低下した場合，血液中のホルモン(A)の濃度は健康な人と比べてどうなるか，(3)の(a)～(c)から1つ選べ。　〔20 東北医科薬科大 改〕

思 115. ヒトの血糖濃度調節のしくみに関する以下の各問いに答えよ。

糖尿病には，①インスリンを分泌する細胞が破壊されて起こる糖尿病と，それとは別の原因でインスリンの分泌量が低下したり，②(　ア　)細胞がインスリンを受け取れなくなって起こる糖尿病がある。図は，これらの糖尿病の患者2名と健康な人1名における，食後の血糖濃度と血液中のインスリン濃度の変化を示したものである。

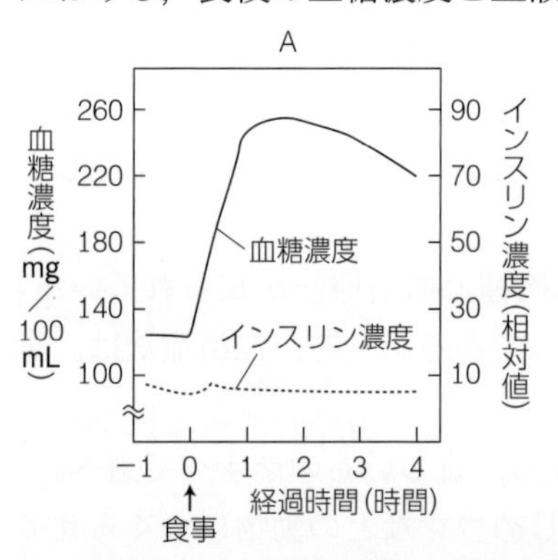

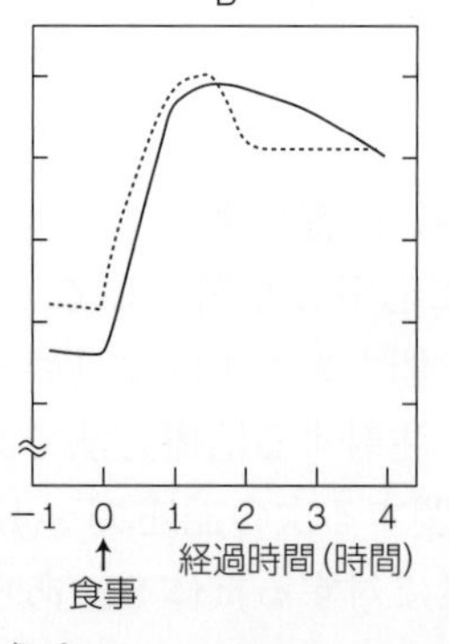

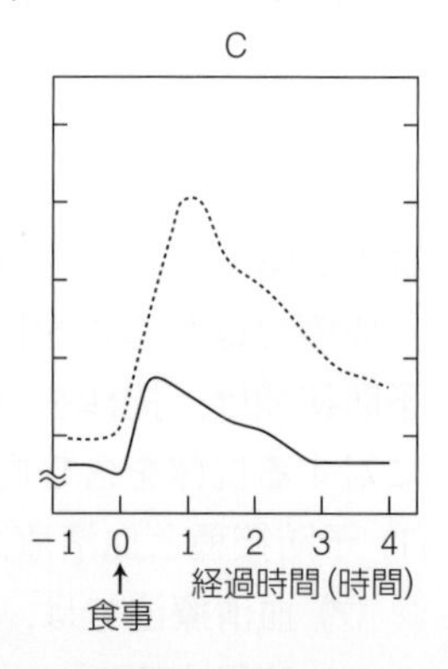

(1) 文章中の(ア)に当てはまる語句を答えよ。

(2) インスリンの作用でグリコーゲンの合成が促進される器官の名称を答えよ。

(3) グラフCからわかることとして正しいものを，次の(a)，(b)から1つ選べ。

(a) 食後すぐに血糖濃度が上がるが，食後3時間で食事前の濃度にもどる。

(b) 食後すぐに血糖濃度が上がり，食後3時間では食事前の濃度にもどらない。

(4) 下線部①，②の糖尿病の患者のグラフを，A～Cからそれぞれ選べ。

思 116. 免疫のしくみに関する次の文章を読み，以下の問いに答えよ。

黒い皮膚のマウス(a)と白い皮膚のマウス(b)を用いて以下のような皮膚移植の実験を行った。ただし，(a)と(b)はそれぞれ同じ系統のマウスである。

① (a)のマウスどうし，または(b)のマウスどうしの皮膚移植を行ったところ，両方とも移植した皮膚は定着した。

② (a)のマウスの皮膚を(b)のマウスに移植したところ，移植片は脱落した。

③ ②の実験の後，(b)の同じ個体に(a)のマウスの皮膚を再び移植したところ，移植片は②のときよりも早く脱落した。

(1) ①では，リンパ球が移植片の細胞を攻撃しなかったため，移植片は定着した。このように，自己と同一のものに対して免疫がはたらかない状態を何というか。

(2) ③で移植片が早く脱落した理由として最も適切なものを，次から1つ選べ。

(ア) ②の処理で，B 細胞の一部が記憶細胞として体内に残ったため。
(イ) ②の処理で，T 細胞の一部が記憶細胞として体内に残ったため。
(ウ) ③の処理で，B 細胞の一部が記憶細胞に変化したため。
(エ) ③の処理で，T 細胞の一部が記憶細胞に変化したため。
(オ) ③の処理では，②のときと異なる抗原に反応したため。　〔20 神戸学院大 改〕

知 117. 免疫と病気に関する次の文章を読み，以下の問いに答えよ。

哺乳類はさまざまな病原体に対する防御能力を有しており，このしくみを免疫という。免疫のうち，B 細胞や(a)T 細胞といったリンパ球が中心となってはたらくものを(①)といい，(①)にはおもに B 細胞が関与する(②)と，T 細胞が関与する(③)とがある。(②)では，B 細胞が分化した形質細胞によって(④)が生産され，(b)(④)が抗原と特異的に結合することで，抗原を無毒化する。(③)では，キラー T 細胞が活性化されると，病原体が感染した細胞などを攻撃して排除する。また，ヘルパー T 細胞はマクロファージの食作用を増強させ，(②)における B 細胞を活性化させる。ヒト免疫不全ウイルス(HIV)はヘルパー T 細胞に感染し，これを破壊する。(①)の中心的な役割を担うヘルパー T 細胞のはたらきが失われる結果，(c)免疫の機能が大きく低下し，(⑤)という病気を引き起こす。

(1) 文章中の空欄にあてはまる語句を答えよ。
(2) 下線部(a)について，T 細胞が分化・成熟する場所はどこか。
(3) 下線部(b)の反応を何というか。
(4) 下線部(c)の状態では，健康な人では通常発病しない病原体に感染・発病することがある。これを何というか。　〔16 宮崎大 改〕

第4章 生物の多様性と生態系

1 植生と遷移

A 植生

(1) **植生と環境要因**　ある地域に生育している植物全体を**植生**という。植生の外観を**相観**といい，地表面を広くおおって相観を決定づける種のことを**優占種**という。

参考　植物は生育する環境に適した生活様式と形態をしており，これを**生活形**という。

(2) **植生の特徴**

① **森林の特徴**　多くの樹木からなり，最上部を**林冠**といい，地表付近を**林床**という。林冠から林床までの間には，**階層構造**(**高木層**，**亜高木層**，**低木層**，**草本層**，**地表層**など)が見られる。

森林では，林冠から林床に向かうにつれて光の量が少なくなるため，それぞれの層には届く光の量に適した植物が生育している。一般に，光の強い所でよく生育する植物を**陽生植物**といい，光の弱い所で生育する植物を**陰生植物**という。

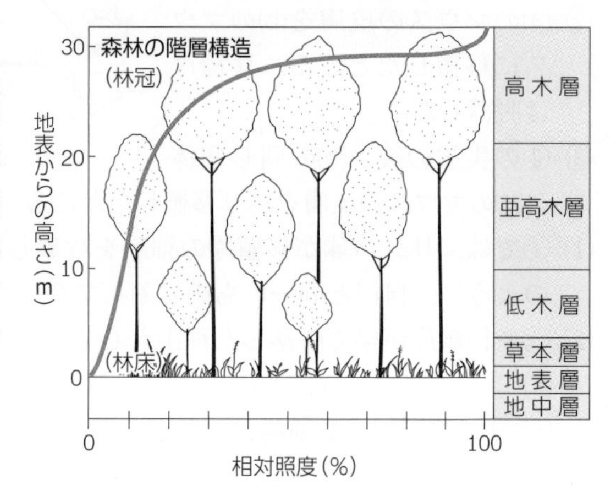

参考　**光の強さと光合成速度の関係**

光の強さを変化させたときの植物の**光合成速度**，**見かけの光合成速度**および**呼吸速度**の変化は右のグラフのようになる。

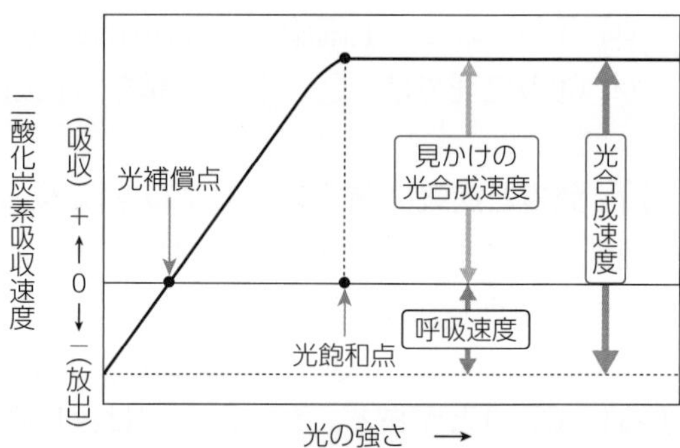

光合成速度と呼吸速度が等しくなるときの光の強さを，その植物の**光補償点**という。また，それ以上光を強くしても光合成速度が変わらなくなるときの光の強さを**光飽和点**という。

陽生植物は光補償点と光飽和点が高く，陰生植物は光補償点と光飽和点が低い。植物によっては，陽生植物の性質をもつ葉(**陽葉**)と陰生植物の性質をもつ葉(**陰葉**)を同時にもつ場合もある。

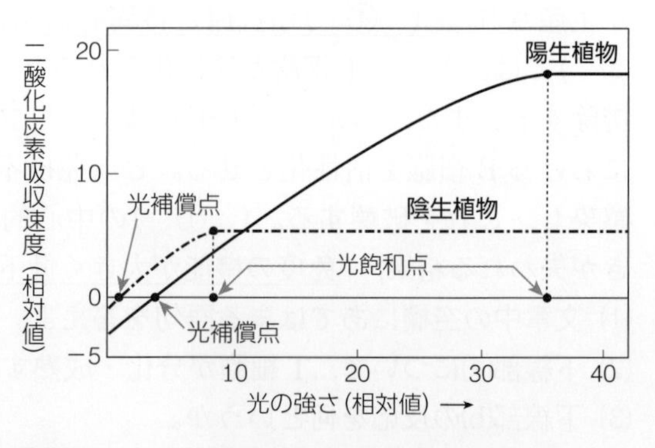

② **草原の特徴**　草本植物を中心とする植生で，階層構造が比較的単純である。

③ **荒原の特徴**　高山や極地などに見られる植生で，植物があまり生育していない。

B 植生の遷移

(1) **移り変わる植生**　ある場所の植生が時間とともに移り変わり，一定の方向性をもって変化していく現象を**遷移**(**植生遷移**)という。遷移が進んだ結果，最終的に到達するそれ以上大きな変化が見られない状態を**極相**(**クライマックス**)という。

(2) **植生の遷移の過程とそのしくみ**　火山活動などでできた裸地に最初に侵入する植物を**先駆植物**(**パイオニア植物**)という。先駆植物の多くは草本植物であり，これが島状に広がって荒原ができる。やがて島状の植生が広がっていき，草原となる。

植物の生育に伴って**土壌**が形成されるようになると，樹木が侵入し，低木林ができる。遷移の初期に現れる樹木を**先駆樹種**といい，先駆樹種には**陽樹**が多い。

先駆樹種が成長して森林ができると，**極相樹種**が現れるようになる。極相樹種には，芽ばえや幼木が弱い光のもとでも生育できる**陰樹**が多い。極相樹種を中心とした森林を**極相林**という。

植生の遷移に伴い，土壌は厚くなって層構造が見られるようになり，森林の発達に伴い，林内に届く光量は少なくなる。

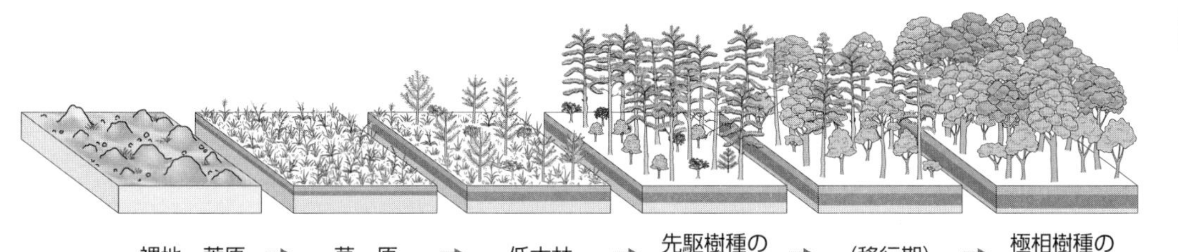

(3) **ギャップと森林の多様性**　極相林では林床は暗く，陽樹の芽ばえは枯死する。ただし，倒木などによって林冠に光の差しこむすき間(**ギャップ**)が生じると，そこでは陽樹などが育ち，森林を構成する樹種の多様性が維持される。

(4) **二次的な遷移**　山火事のあとなど，土壌がすでに形成されている状態から始まる遷移を**二次遷移**という。一方，土壌がまったくない裸地や湖沼から出発する遷移を**一次遷移**という。二次遷移は一次遷移よりも速く遷移が進行する。

参考　乾性遷移と湿性遷移

〔**乾性遷移**〕　裸地・荒原→草原(一年生・多年生)↘
　陽樹林→陰樹林(極相)
〔**湿性遷移**〕　貧栄養湖→富栄養湖→湿原→草原↗

参考　種子の散布型と遷移

① **風散布型**　小形で翼や冠毛をもつものが多く，風で遠くまで運ばれる。そのため，遷移の初期に出現する場合が多い。

② **動物散布型**　動物によって果実が食べられたり，動物のからだに付着したりして運ばれる。

③ **重力散布型**　種子の散布のための特別な構造をもたず，比較的重いため，分布を広げる速度は遅い。遷移の後期に出現する場合が多い。

2 植生の分布とバイオーム

A バイオームの成立

ある地域の植生とそこに生息する動物なども含めた生物のまとまりを**バイオーム**(**生物群系**)という。

バイオームは，気候条件(年平均気温・年降水量)と深い関係があり，年降水量が十分にある地域では森林のバイオームが成立する。年降水量が比較的少ない地域では草原のバイオームが成立し，極端に少ない地域では荒原のバイオームが成立する。年降水量が少ない地域では，遷移が進行しても森林が成立することはない。

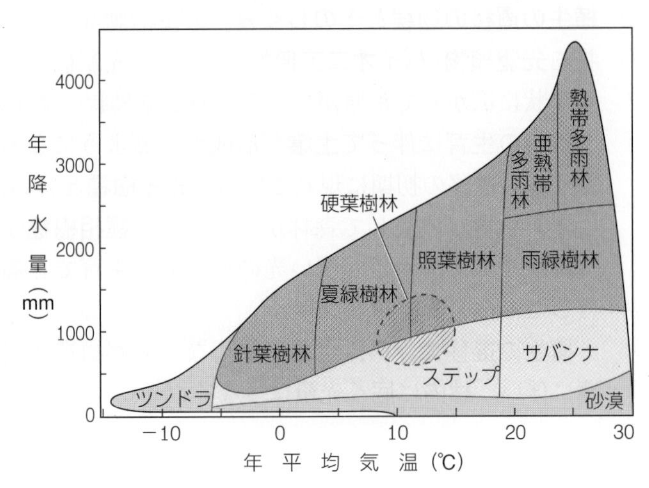

B 世界のバイオーム

植生	気候帯	バイオーム	特徴など
森林	熱帯 亜熱帯	熱帯多雨林 亜熱帯多雨林	1年中雨量の多い地域。常緑広葉樹がおもで，つる植物や着生植物も多い。高温多湿で分解者のはたらきが活発なため，有機物はすぐに分解され，土壌は薄い。フタバガキ・アコウ・ガジュマル・ヘゴ・マルハチ(木生シダ)など
		雨緑樹林	雨季と乾季のある地域。乾季に落葉するチークなど
	温帯	照葉樹林	暖温帯。常緑広葉樹がおもで，落葉樹や針葉樹も混じる。葉は厚いクチクラ層をもつ。カシ・シイ・タブノキなど
		硬葉樹林	夏に雨が少なく，冬に雨が多い地域。クチクラ層が厚く，硬くて小さい葉をもつ。オリーブ・コルクガシなど
		夏緑樹林	冷温帯に発達。おもに落葉広葉樹からなる。日本では本州東半分から北海道に分布。ブナ・ナラ・カエデなど
	亜寒帯	針葉樹林	亜寒帯に広く分布。常緑針葉樹がおもで，日本ではエゾマツ(トウヒ類)・トドマツ(モミ類)など
草原	熱帯 亜熱帯	サバンナ	熱帯・亜熱帯で降水量が少ない地域。イネ科植物の草本がおもで，アカシアなどの木本も混じる
	温帯	ステップ	温帯で降水量が少ない地域。イネ科植物が中心で，樹木は少ない。中央アジアのステップ，北米中央部のプレーリー，南米のパンパスなど
荒原	熱帯・温帯	砂漠	熱帯や温帯の降水量の極端に少ない地域。サボテンなど
	寒帯	ツンドラ	北極圏など寒帯に分布。草本類・地衣類・コケ植物

C 日本のバイオーム

日本では，森林ができるだけの十分な降水量があるため，どのようなバイオームになるかは，おもに年平均気温によって決まる。

補足　日本のススキ草原には，毎年人為的に行われる火入れなどによって草原が維持されているものが多い。

(1) **日本の水平分布**　気温の分布は緯度とほぼ対応するため，同じバイオームは緯度が同じ地域に帯状に分布する傾向がある。このような，緯度の変化に応じたバイオームの水平方向の分布を**水平分布**という。日本では低緯度側から高緯度側に向かって，年平均気温が高いところから順に亜熱帯多雨林，照葉樹林，夏緑樹林，針葉樹林が見られる。

(2) **日本の垂直分布**　一般に，標高が 100 m 増すごとに気温は約 0.5 ~ 0.6 ℃ずつ下がるので，標高が高くなるにつれて，低緯度から高緯度への変化と同じようなバイオームの変化が見られる。このような，標高に応じたバイオームの垂直方向の分布を**垂直分布**という。**森林限界**より標高が高くなると，低温や強風，乾燥により森林はできない。

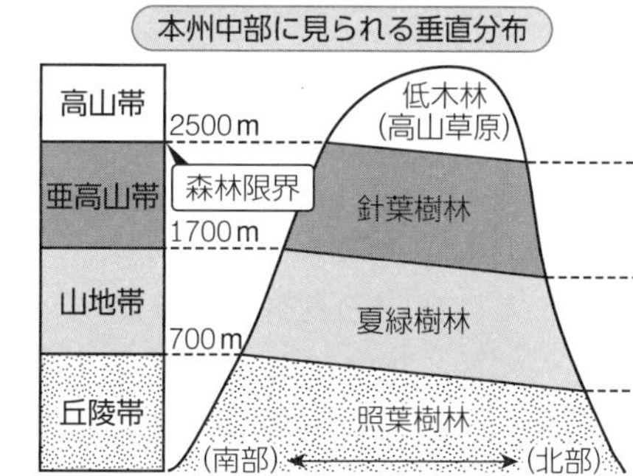

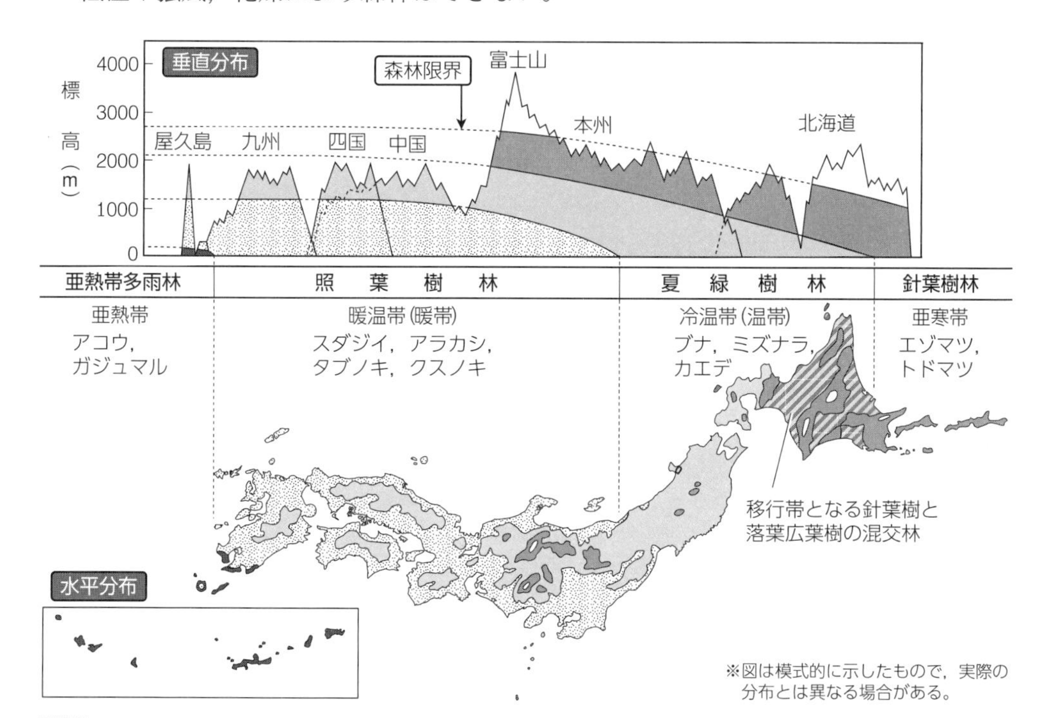

補足　鹿児島県の屋久島は，小さな島の中に，亜熱帯多雨林から高山草原や低木林までの植生の垂直分布が見られる希少な地区であり，ユネスコの世界自然遺産に登録されている。

3 生態系と生物の多様性

A 生態系の成り立ち

(1) **生態系とは**　ある一定地域内に生息する生物とそれを取り巻く**非生物的環境**とのまとまりを**生態系**という。

(2) **生態系の構造**　非生物的環境が生物にさまざまな影響を及ぼすことを**作用**といい，生物の活動が非生物的環境に影響を及ぼすことを**環境形成作用**という。

生物は，生態系におけるその役割によって大きく**生産者**と**消費者**に分けられる。

① **生産者**　水や二酸化炭素などの無機物から有機物を合成する生物。光エネルギーを利用して光合成を行う植物などが含まれる。

② **消費者**　生産者が合成した有機物を直接または間接的に取りこんで栄養源にする生物。植物を食べる植物食性動物を**一次消費者**，植物食性動物を食べる動物食性動物を**二次消費者**という。

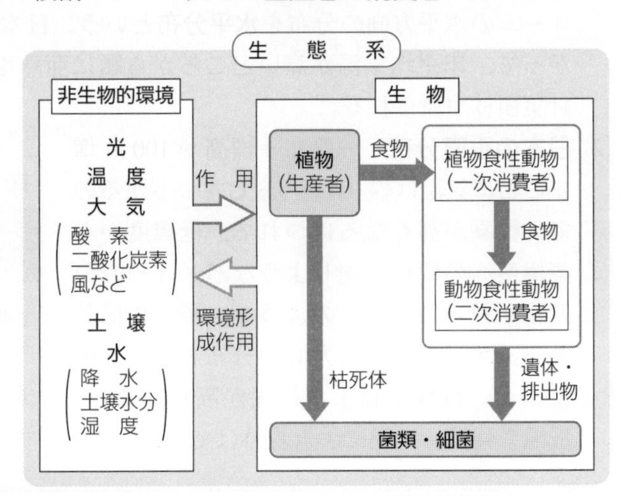

消費者のうち，枯死体・遺体・排出物中の有機物を無機物に分解する過程にかかわる生物を特に**分解者**といい，菌類や細菌などの微生物が含まれる。

B 生態系と種多様性

生態系には，さまざまな種の生物が生息しており，このような生態系における生物の種の多様さを**種多様性**という。生態系によって，生物の種類や数には違いがある。

発展　**生物多様性**　生物が多様であることを**生物多様性**といい，次の3つの階層がある。

① **遺伝的多様性**　同じ種であっても，各個体がもつ遺伝子には違いがあり，さまざまな形質が見られるように，同種内において遺伝子が多様であること。

② **種多様性**　ある生態系における生物の種の多様さのこと。

③ **生態系多様性**　森林や河川など，地球上にはさまざまな環境があり，それぞれの環境に対応した生態系が存在するように，生態系の種類が多様であること。

C 生物どうしのつながり

(1) **食物連鎖と食物網**　生態系を構成する生物の間に見られる，一連の鎖のようにつながった**捕食**(食べる)・**被食**(食べられる)の関係を**食物連鎖**という。実際の生態系では，捕食・被食の関係は複雑な網状になっており，それらの関係の全体を**食物網**という。

⑵ **生態ピラミッド**　生産者を出発点とする食物連鎖の各段階を**栄養段階**といい，一般的に栄養段階が上位のものほど個体数や生物量は少なくなる。したがって，栄養段階の下位のものから順に個体数や生物量の棒グラフを積み上げるとピラミッド状になる。このような**生態ピラミッド**には次のようなものがある。

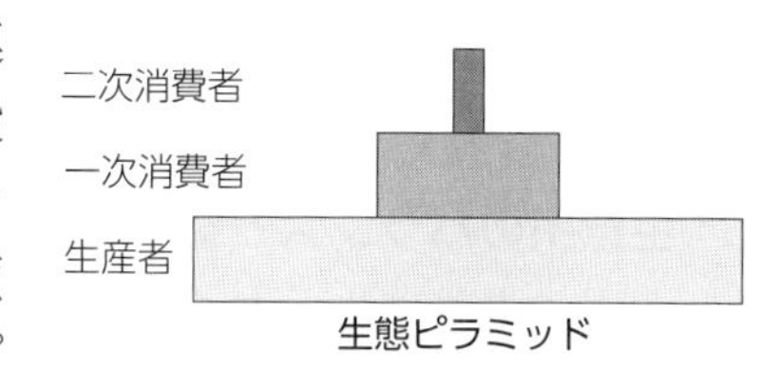

生態ピラミッド

① **個体数ピラミッド**　個体数で示したもの。

② **生物量ピラミッド**　生物体の質量で示したもの。

発展　一定期間に各栄養段階の生物が獲得するエネルギー量の棒グラフを積み上げたものを，**生産力ピラミッド**という。

参考　**生態系における有機物の利用**

一定面積内の生産者が一定期間内に生産する有機物の総量を総生産量といい，総生産量から生産者自身の呼吸で消費された有機物量(呼吸量)を差し引いたものを純生産量という。生産者の成長量は，純生産量から枯死量と被食量を差し引いたものになる。

一次消費者の成長量は，摂食量から，被食量，死滅量，呼吸量，不消化排出量を差し引いたものになる。

各栄養段階の物質収支

二次消費者(動物食性動物)：B_2 G_2 P_2 D_2 R_2 F_2　←摂食量→

一次消費者(植物食性動物)：B_1 G_1 P_1 D_1 R_1 F_1　←摂食量→

生産者(植物)：B_0 G_0 P_0 D_0 R_0　←純生産量→　←総生産量(同化量)→

太陽光：光合成で同化(固定)されるエネルギー　←吸収されるエネルギー→　←入射するエネルギー→

B：最初の現存量
G：成長量
P：被食量
D：枯死量，死滅量
R：呼吸量
F：不消化排出量

⑶ **種の多様性の維持**　生態系において，食物網の上位の捕食者が種多様性などの維持に大きな影響を及ぼしている場合，そのような生物種を**キーストーン種**という。また，ある生物の存在が，その生物と捕食・被食の関係で直接つながっていない生物の生存に対して影響を及ぼすことを**間接効果**という。

生態系内の捕食・被食の関係は，生態系の種多様性の維持にかかわっており，ある生物種の個体数が大きく増減すると，種多様性が低下し，種の**絶滅**につながることもある。

例　ヒトデをはじめとする多様な生物が生息する海岸の岩場(岩礁潮間帯)で成立する食物網において，最上位の捕食者であるヒトデを除去すると，1年後には，イガイが岩場をほぼ独占して他の生物がほとんど見られなくなり，岩場に生息する生物の種類が減少した。この場合，ヒトデがキーストーン種であり，ヒトデが直接捕食しない藻類の生存にも影響を及ぼしていることが間接効果である。

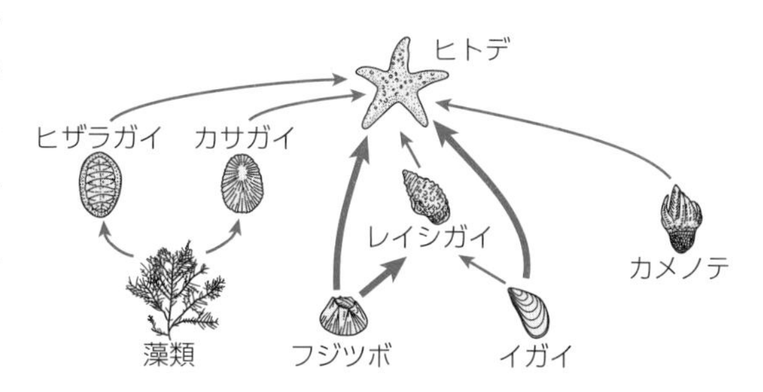

第4章　生物の多様性と生態系

4 生態系のバランスと保全

A 生態系のバランス

(1) **生態系のバランスと復元力**　生態系は台風や洪水による**かく乱**，または季節ごとの気温の変化などによって，常に変動している。しかし，自然災害などで一部が破壊されても，時間とともにもとの状態にもどろうとする**復元力**があるため，生態系では変動の幅が一定の範囲内に保たれている。これを**生態系のバランス**が保たれているという。

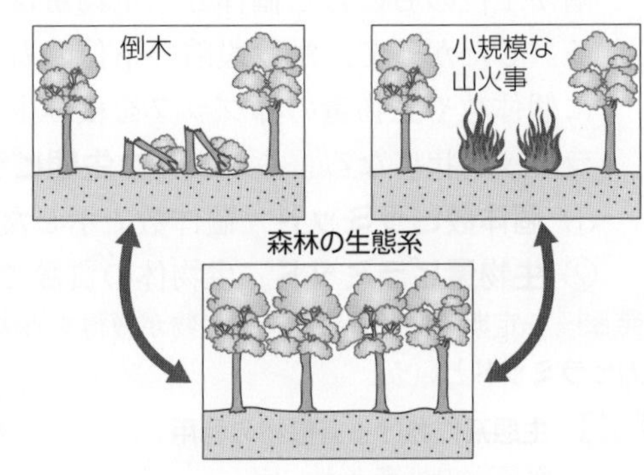

かく乱の規模が大きく，生態系の復元力をこえた場合には，生態系のバランスが崩れ，別の生態系に移行してしまう。

(2) **かく乱と生態系のバランス**　生態系がかく乱を受けても，その変動が一定の範囲内であれば，生態系のもつ復元力がはたらき，もとの状態にもどる場合が多い。

① **自然浄化**　河川や湖沼においては，通常，流入した有機物や窒素(N)・リン(P)などの栄養塩類は，沈殿や水による希釈，微生物による有機物の分解や水生植物による栄養塩類の吸収などによって，自然に濃度が低下する。これを**自然浄化**といい，自然浄化によって生態系のバランスが保たれている。

ⓐ 河川に有機物が流入すると，有機物を分解する細菌が増加し，細菌の呼吸によって酸素が減少し，有機物の分解で生じるNH_4^+が増加する。

ⓑ 細菌の増加によって細菌を捕食する原生動物が増加する。これにより細菌が減少し，やがて原生動物も減少する。

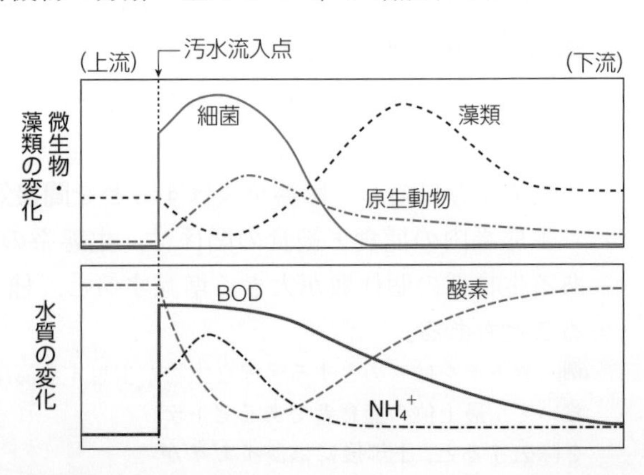

ⓒ NH_4^+の増加によってNH_4^+を利用する藻類が増加する。すると，藻類の光合成によって，水中の酸素が増加し，NH_4^+が減少する。NH_4^+が減少すると藻類も減少する。

このような過程を経て有機物量は減少し河川は浄化される。

補足　BOD(生化学的酸素要求量)とは，微生物が水中の有機物を分解するときに必要な酸素量のことで，数値が大きいほど水中の有機物量が多く，水質が悪いことを示す。

補足　栄養塩類の濃度が低い湖を**貧栄養湖**という。

② **富栄養化**　多量の栄養塩類を含む生活排水や肥料などが湖や内湾に大量に流入すると，自然浄化では水質がもどらなくなって**富栄養化**が進行し，プランクトンの大発生による**アオコ**や**赤潮**などが起こることがある。赤潮では，大量のプランクトンによる酸素の消費などによって水中の酸素が不足したり，プランクトンがえらに付着したりすることで，魚類の大量死が起こることがある。

(3) **種多様性と生態系のバランス**　生態系のバランスは，生態系内の生物の種多様性とも関係している。一般に，生態系の種多様性が高くなるほど食物網が複雑になり，1つの種の急激な増減が他の種に及ぼす影響が小さくなって，生態系のバランスが崩れにくくなる。

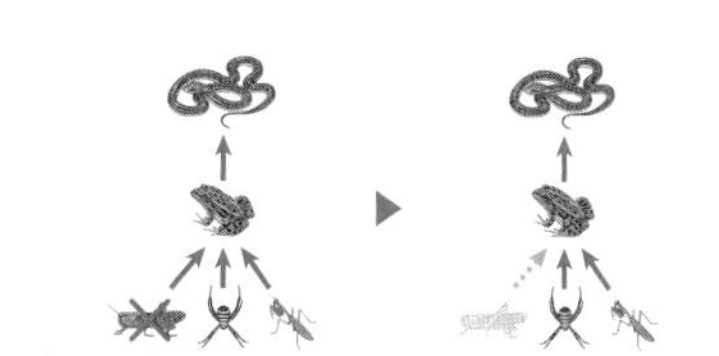
バッタが激減しても，カエルはクモやカマキリを食べるため，カエルやヘビに大きな影響は出ない。

B 人間の活動と生態系

(1) **外来生物の移入**

① **外来生物による影響**　人間の活動によって本来の生息場所から別の場所に移されて定着した生物を**外来生物**という。外来生物の中には，急激な個体数の増加によってその地域の生態系のバランスを崩して種多様性低下の原因となるものや，**在来生物**との交配によって地域の固有種が失われる原因となるものがある。

例　アメリカザリガニ，オオクチバス，セイヨウタンポポなど

② **外来生物への対策**　外来生物による生態系への影響の拡大を防ぐため，日本では2005年6月に「外来生物法」が施行された。外来生物のうち，日本の生態系などへの影響が特に大きいと考えられるものは**特定外来生物**に指定され，飼育や栽培・輸入が原則として禁止されている。

(2) **森林の破壊**　世界の森林は減少しており，特に熱帯多雨林は，森林伐採や農地への転用などにより大きく減少している。森林が失われると，そこに生息する動物や植物が生息場所を失うため，種多様性を低下させる。また，森林が減少すると土壌の保水性が弱まり，土地の砂漠化につながることがある。

(3) **地球温暖化**　水蒸気や二酸化炭素，メタン，フロンなどの**温室効果ガス**は，地表から放射される赤外線を吸収し，一部を地表に再放射することによって大気や地表の温度を上昇させる(**温室効果**)。大量の化石燃料の消費などによる大気中の温室効果ガスの増加が，**地球温暖化**のおもな原因と考えられている。地球温暖化の進行は，海水面の上昇や干ばつ，台風や大雨の増加などの気候の変化を引き起こし，多くの生態系に影響を及ぼす可能性がある。

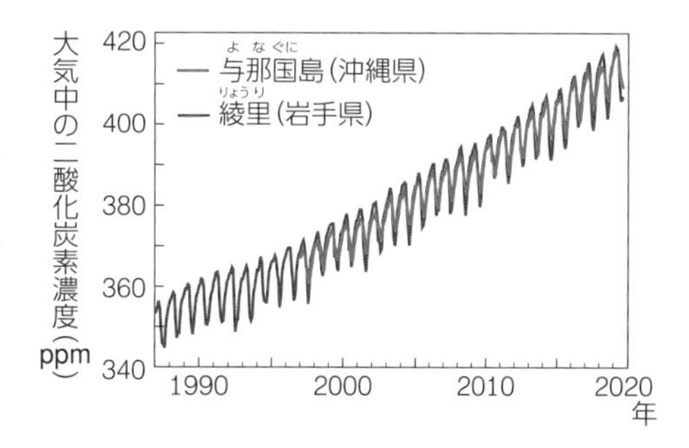

第4章 生物の多様性と生態系

参考　**人間活動が生態系に大きな影響を及ぼすその他の例**

① **生物濃縮**　生物が分解や排出をしにくい物質を取りこむと，生物の体内に蓄積され，食物連鎖の過程を経て濃縮される。このようにして，ある物質が外部の環境より高い濃度で生物の体内に蓄積することを**生物濃縮**という。DDT(かつて農薬として使用された殺虫剤)や有機水銀は環境中での濃度は低くても，食物連鎖を通じて濃縮され，高次消費者であるヒトなどに深刻な影響を及ぼすことがある。

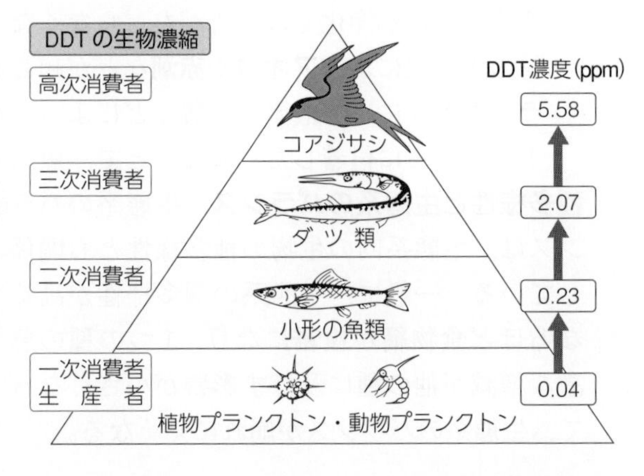

② **オゾン層の破壊**　エアコンの冷媒，スプレーの噴射剤などに使われていた**フロン**は紫外線を吸収する**オゾン層**を破壊する。オゾン層が破壊されると地表面に降り注ぐ紫外線が強まり，これが遺伝子の突然変異などを誘発すると懸念されている。

③ **酸性雨**　工場や自動車から排出される硫黄酸化物(SO_x)や窒素酸化物(NO_x)は，大気中の水と反応して硫酸や硝酸になり，雨滴に溶けて酸性雨となる。酸性雨によって湖沼や土壌が酸性化することで，そこに生息する生物に影響を与えている。

C 生態系の保全

(1) **生態系の保全の重要性**　私たちは，生態系からさまざまな恩恵を受けており，これを**生態系サービス**という。生態系サービスには次のようなものがあり，これらを持続的に受けるためには，生態系を保全していく必要がある。

① 供給サービス：食料・燃料など有用な資源の供給
② 調整サービス：気候の調整や水の浄化など安全な生活の維持
③ 文化的サービス：精神的充足やレクリエーション機会など豊かな文化を育てる
④ 基盤サービス：酸素の生成，水の循環など生態系を支える基盤となる

(2) **生物多様性の保全**　人間の活動により，近年，多くの生物が絶滅の危機に瀕している。生物の絶滅は，生物多様性の低下につながるため，国連では「生物多様性条約」がつくられ，日本を含む多くの国がこの条約を締結している。絶滅のおそれのある生物を**絶滅危惧種**といい，それらを保護する取り組みも行われている。

補足　絶滅危惧種のリスト(**レッドリスト**)について，生息状況などをまとめた『**レッドデータブック**』という本が作成され，保護活動が行われている。

(3) **生態系と人間社会**　一度生態系のバランスが崩れると，もとにもどすことは非常に難しいため，人間の活動が与える生態系への影響をなるべく小さくする取り組みが行われている。例えば，日本では一定以上の規模の開発を行う場合，生態系に与える影響を事前に調査することが法律により義務化されている。このような調査を**環境アセスメント**(環境影響評価)という。

用語CHECK

◉一問一答で用語をチェック◉

① ある地域に生育している植物全体を何というか。 ①
② 発達した森林に見られる垂直方向の層状構造を何というか。 ②
③ ある地域の植生が，長い年月をかけて一定の方向性をもって変化していく現象を何というか。 ③
④ ③の過程で，裸地に最初に侵入する植物を何というか。 ④
⑤ ③の後期に見られる，極相樹種を中心とした森林を何というか。 ⑤
⑥ ある地域の植生と，そこに生息する動物などを含めた生物のまとまりを何というか。 ⑥
⑦ 暖温帯に分布し，スダジイなどの常緑広葉樹からなる⑥は何か。 ⑦
⑧ 冷温帯に分布し，ブナなどの落葉広葉樹からなる⑥は何か。 ⑧
⑨ 亜寒帯や寒帯に分布し，エゾマツなどが見られる⑥は何か。 ⑨
⑩ 緯度に応じた⑥の分布を何というか。 ⑩
⑪ 標高に応じた⑥の分布を何というか。 ⑪
⑫ 生物の活動が非生物的環境に影響を及ぼすことを何というか。 ⑫
⑬ 生態系において，無機物から有機物を合成する役割をもつ生物を何というか。 ⑬
⑭ 生態系において，⑬が合成した有機物を直接的または間接的に取りこんで栄養源とする生物をまとめて何というか。 ⑭
⑮ ある生態系における生物の種の多様さを何というか。 ⑮
⑯ 生態系における生物どうしの食う食われるの関係は，一連の鎖のようにつながっている。これを何というか。 ⑯
⑰ 河川などに流入した有機物は，沈殿や希釈，生物のはたらきなどによって自然に減少する。このはたらきを何というか。 ⑰
⑱ 人間の活動によって本来の生息場所から別の場所に移されて定着した生物を何というか。 ⑱
⑲ 地球温暖化の原因と考えられている，大気の温度を上昇させるはたらきのある二酸化炭素やメタンなどの気体を何というか。 ⑲

解答

① 植生　② 階層構造　③ 遷移(植生遷移)　④ 先駆植物(パイオニア植物)　⑤ 極相林　⑥ バイオーム(生物群系)　⑦ 照葉樹林　⑧ 夏緑樹林　⑨ 針葉樹林　⑩ 水平分布　⑪ 垂直分布　⑫ 環境形成作用　⑬ 生産者　⑭ 消費者　⑮ 種多様性　⑯ 食物連鎖　⑰ 自然浄化　⑱ 外来生物　⑲ 温室効果ガス

例題 9 遷移の調査

解説動画

　ある地域の，異なる年代に干拓を行った調査地 a ～ f を選び，植生の調査を行った(右表)。これらの調査地の植生は，いずれも干拓後に成立し，人為的影響は少ないものとする。なお，表中の数字が大きいほど，その層において，その種が多く存在していることを示す。

(1) この地域における植生の遷移では，スダジイ林，タブノキ林，アカマツ林は，どのような順番で見られるか。

(2) 草本層に見られる3種の植物のうち，明らかに陽生植物と考えられるものを1つ選べ。

調査地		a	b	c	d	e	f
干拓後の経過年数		150	250	350	450	550	850
高木層	スダジイ					2	4
	タブノキ			4	4	4	
	アカマツ	5	2	2			
亜高木層	モチノキ					2	1
	サカキ				1	3	1
	タブノキ	1	3	2			
低木層	アカメガシワ	2					
	サカキ				1	1	1
	スダジイ						1
	タブノキ	1	1	1	1	1	1
草本層	ヤブコウジ			1	1	1	2
	ジャノヒゲ	4	1	1	1	3	2
	ススキ	1	1				

指針 (1) a は干拓を行ってから 150 年が経過した状態，f は干拓を行ってから 850 年が経過した状態ということである。すなわち，この地域では，植生の遷移は，a → b → c → d → e → f のように進行すると考えられる。

(2) ススキは遷移の初期(表中の a や b)の林床で見られるが，遷移の後期の林床では見られない。よって，明るいところでよく生育する陽生植物であるとわかる。

解答 (1) **アカマツ林 → タブノキ林 → スダジイ林**　(2) **ススキ**

例題 10 種の多様性

解説動画

　図は，ある岩礁潮間帯で見られる食物網を示している。図中の数値は，ヒトデおよびイボニシの捕食の度合い(個体数の比)を示している。この場所で，ヒトデを継続的に除去する実験を行ったところ，3 か月後にはフジツボが増え，10 年目にはイガイが岩場を独占し，岩礁に付着していた藻類も見られない極端な生態系になった。

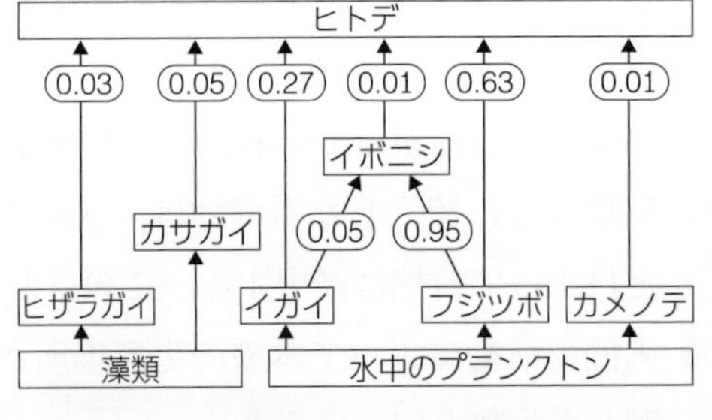

(1) 実験を行う前に，この生態系においてヒトデが最も多く捕食していた生物を答えよ。

(2) 下線部のように，捕食者が直接捕食関係のない生物に影響を及ぼすことを何というか。

〔19 大阪府大 改〕

指針 (1) ヒトデに捕食されている個体数の比率が最も大きいのは，0.63 のフジツボである。

(2) 藻類は，同じく岩場にはりついて生活するイガイの増殖によって生活空間を奪われ，生存できなくなったと考えられる。

解答 (1) **フジツボ**　(2) **間接効果**

基本問題　リードC

知 118. 植生の区分●　次の文章中の空欄に当てはまる語句を，下の語群から選べ。

ある地域に生育している植物全体を（　①　）という。（　①　）を大別すると，樹木が密集している（　②　），草本植物が主体となっている（　③　），植物がまばらにしか見られない（　④　）になる。ある地域の（　①　）は，（　⑤　）と（　⑥　）という2つの環境要因によって決まる場合が多い。

〔語群〕　草原　　植生　　荒原　　年降水量　　年平均気温　　森林

知 119. 森林の構造①●　次の文章を読み，空欄に当てはまる語句を下の語群から選べ。

発達した森林の内部を見ると，森林の最上部の（　①　）から地面に近い（　②　）まで，垂直方向の（　③　）構造が見られる。右図は，（　③　）構造の模式図である。（　③　）構造には，（　①　）から順に（　④　）層，（　⑤　）層，（　⑥　）層，（　⑦　）層，地表層が見られる。下層に行くほど到達する光の量が（　⑧　）なるので，（　⑨　）植物の割合が高くなる。地中では土壌がよく発達している。

地表からの高さ(m)　30　20　10　0　④層　⑤層　⑥層　⑦層　地表層　地中層

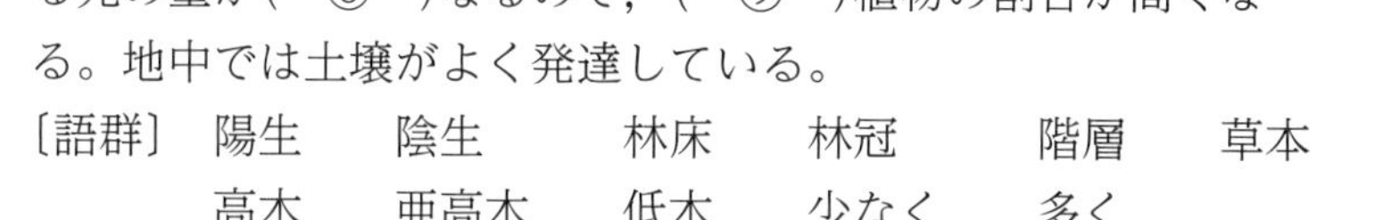

〔語群〕　陽生　　陰生　　林床　　林冠　　階層　　草本
　　　　　高木　　亜高木　　低木　　少なく　　多く

知 120. 森林の構造②●　次の文章を読み，以下の問いに答えよ。

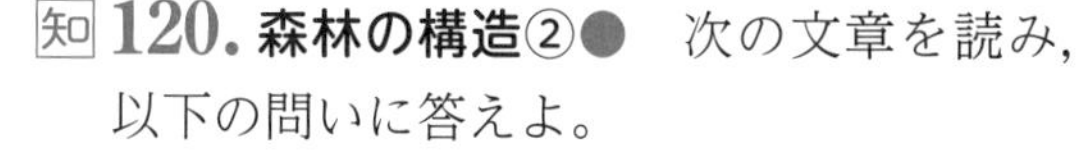

（　A　）は多くの樹木からなる植生であり，（　B　）が十分な地域に成立する。よく発達した（　A　）では階層構造が見られる。図1は，温帯に発達する（　A　）の階層構造を模式的に示したものである。

(1) 文章中の空欄に当てはまる語句を，次の(ア)～(オ)から1つずつ選べ。
　(ア) 年平均気温　　(イ) 年降水量
　(ウ) 荒原　　(エ) 草原　　(オ) 森林

(2) 図1の(a)～(d)の各層の名称を答えよ。

(3) 図1の植生における，地表からの高さと相対照度の関係を示すグラフとして最も適当なものを，図2の①～④から1つ選べ。

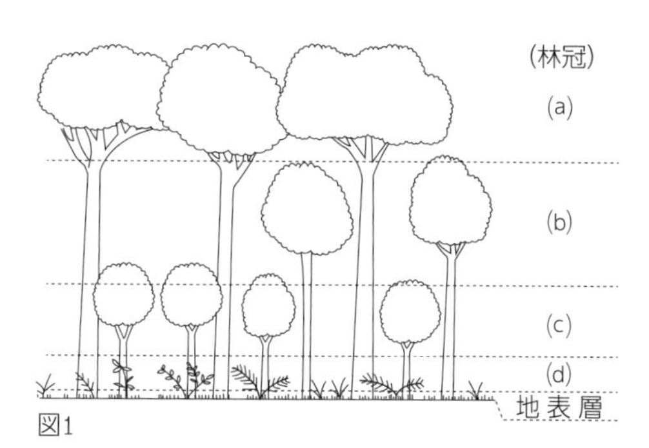

図1

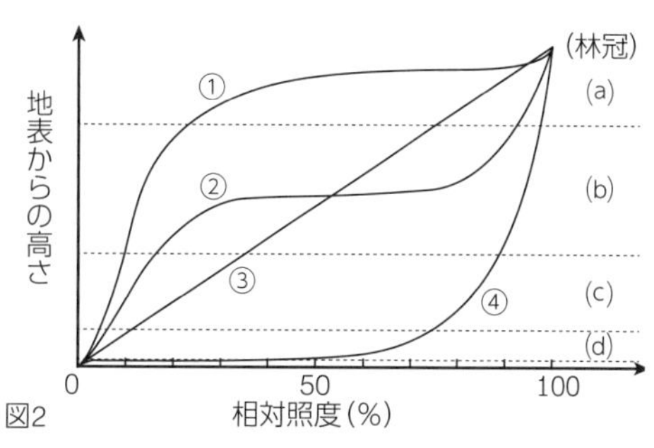

図2

知 121. 植生の移り変わり● 次の文章を読み，以下の問いに答えよ。

植生が時間とともに一定の方向性をもって変化していく現象を(①)という。(①)のうち，火山の噴火などによってできた裸地から始まるものを(②)，森林の伐採跡地などから始まるものを(③)という。(③)はすでに土壌が形成されているため，(②)と比べて進行が(④)。

(1) 文章中の空欄に当てはまる語句を，下の語群から選んで答えよ。
〔語群〕 遷移　速い　遅い　一次遷移　二次遷移

(2) 次の3つの植物を，①の過程で現れる段階が早い順になるように並べよ。
陰樹　草本　陽樹

知 122. 遷移の過程①● 次の文章を読み，以下の問いに答えよ。

植生の遷移は，火山活動などで新しくできた(①)から始まる一次遷移と，森林の伐採跡地や山火事跡などから始まる二次遷移に大別される。両者の大きな違いは，遷移の初期段階に(②)がすでにあるかどうかである。一次遷移では，一般に(①)や荒原で岩石の風化が進み，島状に植生が広がり，やがて(③)となる。その後，(④)林→(⑤)林→(⑤)と(⑥)の混じった混交林からなる移行期を経て，おもに(⑥)からなる(⑦)林に達する。

(1) 文章中の空欄に当てはまる語句を，次の語群から選べ。
〔語群〕 低木　陽樹　陰樹　極相　移行　裸地　土壌　草原

(2) 一次遷移と二次遷移では，どちらのほうが進行が速いか。

知 123. 遷移の過程②● 下図は，植生の遷移の過程を模式的に示したものである。

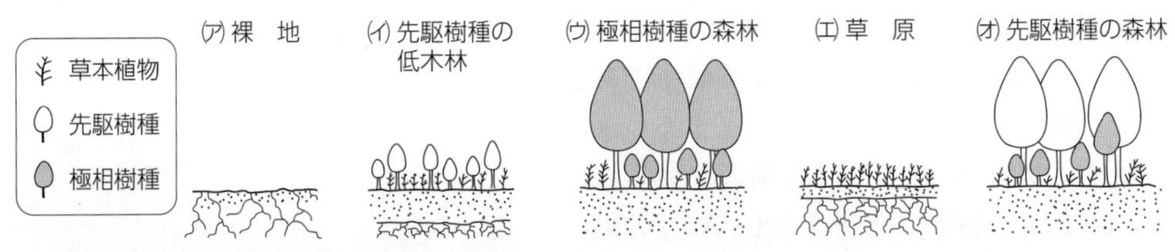

(1) 図の(ア)～(オ)を遷移の進行順に並べかえよ。

(2) (ア)のような裸地に最初に侵入する植物を何というか。

(3) (2)の例として適当なものを，次の中からすべて選べ。
(a) イタドリ　(b) ススキ　(c) ブナ　(d) スダジイ　(e) タブノキ

(4) 先駆樹種および極相樹種は，それぞれどのような特徴をもつ樹種か。それぞれ次の中から当てはまるものをすべて選べ。
① 遷移の後期に現れて，成木になると強い光のもとでよく成長する。
② 遷移の初期に現れて，強い光のもとでの成長が速い。
③ 幼木が弱い光のもとでも生育できる。
④ 幼木が弱い光のもとで生育できない。

知 124. 遷移における環境の変化● 次の文章中の空欄に当てはまる語句を，下の(a)～(g)の中から選べ。

裸地に最初に侵入する(①)植物は，種子が(②)で遠くまで運ばれるものや，発達した(③)をもち，水分や栄養分を有効に利用できるものが多い。(①)植物が生育すると，その枯死体などから(④)が供給され，それが菌類・細菌などによって分解されて，栄養塩類が豊富な(⑤)ができる。やがて樹木が生育できるようになると，林内の湿度は高く保たれ，(⑥)の変化も少なくなる。

(a) 風　(b) 根　(c) 有機物　(d) 温度　(e) 光　(f) 先駆　(g) 土壌

知 125. 遷移のしくみ①● 遷移のしくみに関する以下の問いに答えよ。

(1) 次の文のうち，遷移が進むにしたがって見られるものをすべて選べ。

① 土壌の腐植質が増加する。　② 地表面の温度変化が激しくなる。
③ 地表が湿潤になる。　④ 地表面の光の強さが弱くなる。
⑤ 植物の背丈が高くなる。　⑥ 階層構造が発達する。
⑦ 風散布型の種子が多くなる。　⑧ 重力散布型の種子が多くなる。

(2) 土壌が形成されて樹木が生育するようになると，その後の遷移の進行の最も大きな要因となるのは何か。

(3) 遷移の初期に現れる樹木は，日なたでの成長が速いか，それとも遅いか。

(4) 林床でも芽ばえが生育できるのは，陽樹，陰樹のどちらか。

知 126. 遷移のしくみ②● 遷移の初期段階には，陽生植物が多く見られる。森林が形成されるときも同様に，陽樹の幼木がいち早く成長し，陽樹林が形成される。陽樹林の林床では，光の量が少なくなるため，陽樹の幼木は成長できず，陰樹の幼木が成長し，やがて陰樹林が形成される。陰樹林では，陰樹の幼木が育って成木と入れ替わるので，構成する種に大きな変化が見られなくなる。このような状態の森林を(ア)とよぶ。しかし実際は，台風による倒木などで，林冠に(イ)というすき間が生じると，林床まで光が届くようになり，構成する種が変化する場合もある。

(1) 文章中の空欄に当てはまる語句を答えよ。

(2) 右図は陽樹の幼木と陰樹の幼木における，光の強さと二酸化炭素吸収速度の関係を示したグラフである。陽樹および陰樹のグラフは，それぞれ(A)，(B)のどちらか。

(3) グラフ(A)，(B)のうち，呼吸速度が小さいのはどちらか。

(4) グラフ(A)，(B)のうち，光の強さ(相対値)が15以上のときに成長速度が大きいのはどちらか。

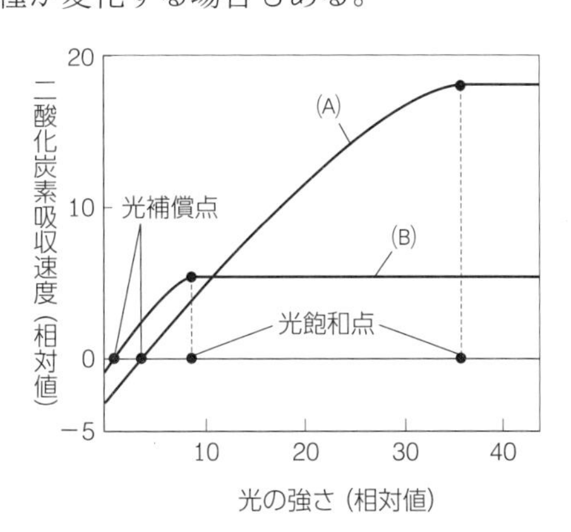

思 127. 世界のバイオームと気候●

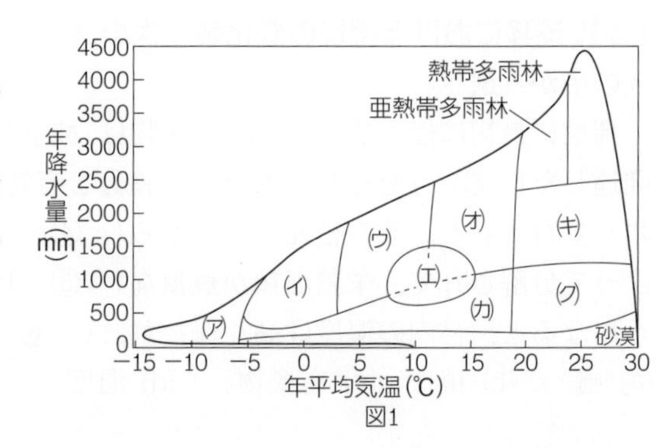

図1

図1は，気温・降水量とバイオームの関係を模式的に示したものである。

(1) 図1の(ア)～(ク)に当てはまる語句をそれぞれ次の中から1つずつ選べ。
(a) 針葉樹林　(b) 照葉樹林
(c) サバンナ　(d) 夏緑樹林
(e) 硬葉樹林　(f) ツンドラ
(g) 雨緑樹林　(h) ステップ

(2) 図2は，①～③の各地域における月平均気温および月降水量の年間変化を示したグラフである。グラフ中の数値は年平均気温と年降水量を示している。①～③は，それぞれ図1の(ア)～(ク)のどのバイオームに対応すると考えられるか。それぞれ記号で答えよ。

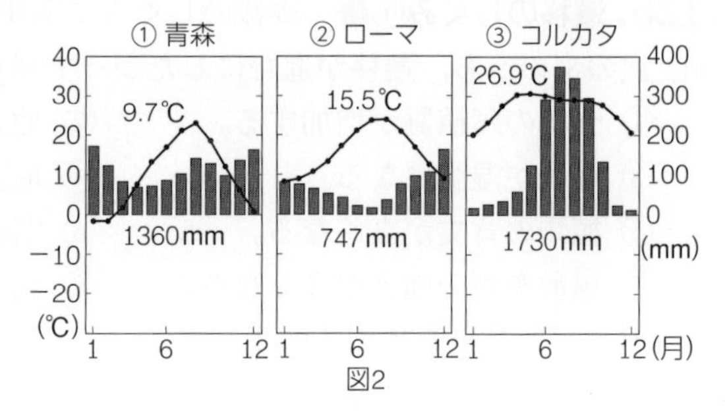

図2

知 128. 世界のバイオームと樹種●

図は，気温・降水量と世界のバイオームとの関係を模式的に示したものである。

(1) (A)～(K)のバイオームの名称をそれぞれ答えよ。

(2) (A)～(K)のバイオームに見られる代表的な植物の例をそれぞれ次の中から1つずつ選べ。
(ア) ガジュマル　(イ) フタバガキ科の高木
(ウ) チーク　(エ) オリーブ　(オ) アラカシ
(カ) トウヒ　(キ) ミズナラ　(ク) 地衣類
(ケ) サボテン　(コ) イネ科の草本
(サ) イネ科の草本とマメ科の低木

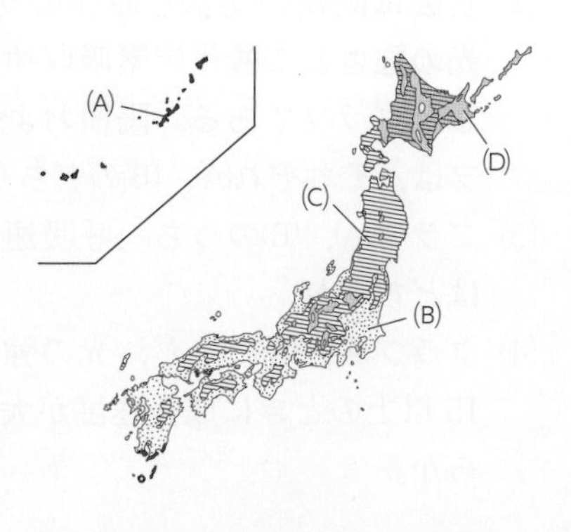

知 129. 日本のバイオーム●

右図は，日本の緯度方向にそったバイオームを示したものである。以下の問いに答えよ。

(1) 日本のバイオームの分布に最も大きく影響する環境要因を1つ答えよ。

(2) (A)～(D)のバイオームの名称を答えよ。

(3) (A)～(D)のバイオームは，それぞれどの気候帯に属するか。次の中から選べ。

① 暖温帯　② 冷温帯　③ 亜熱帯　④ 亜寒帯

(4) (A)～(D)のバイオームに見られる植物として適当なものを，それぞれ次の中から選べ。

① スダジイ　② エゾマツ　③ ブナ　④ ガジュマル

(5) このような緯度に応じたバイオームの分布を何というか。

知 130. バイオームの標高による分布● 一般に標高が 100 m 増すごとに気温が約(　　)℃低下するため，日本の中部山岳地方では標高に対応したバイオームの分布が顕著に見られる。その標高によるバイオームの分布を模式的に示すと右図のようになる。

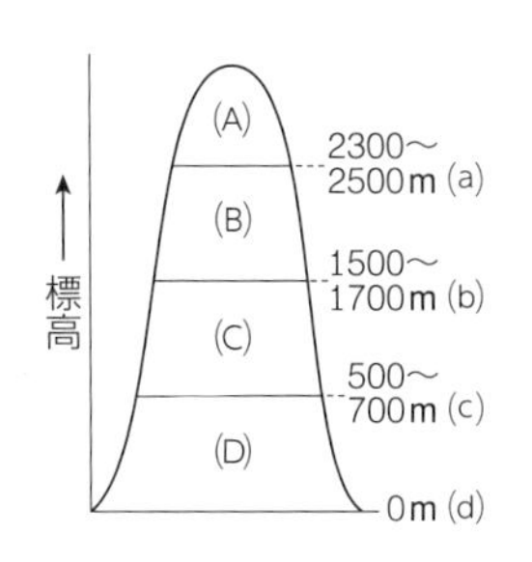

(1) 文章中の空欄に入る最も適当な数値を，次の中から選べ。

① 0.5 ～ 0.6　② 5 ～ 6　③ 50 ～ 60

(2) 図の(A)～(D)の区分に当てはまる名称をそれぞれ次から選べ。

① 山地帯　② 亜高山帯　③ 丘陵帯　④ 高山帯

(3) 図の(A)～(D)に見られるバイオームの名称をそれぞれ次から選べ。

① 夏緑樹林　② 照葉樹林　③ 針葉樹林　④ 高山草原　⑤ マングローブ林

(4) 図の(A)～(D)のバイオームに見られる植物を，それぞれ次の中から 2 つずつ選べ。

① スダジイ　② ハイマツ　③ ブナ　④ シラビソ
⑤ タブノキ　⑥ ミズナラ　⑦ コメツガ　⑧ コケモモ

(5) 森林限界のおよその境界線を図の(a)～(d)から選べ。

(6) このような標高によるバイオームの分布を何というか。

知 131. 日本のバイオームの分布● 図は日本のバイオームの分布を示したものである。以下の問いに答えよ。

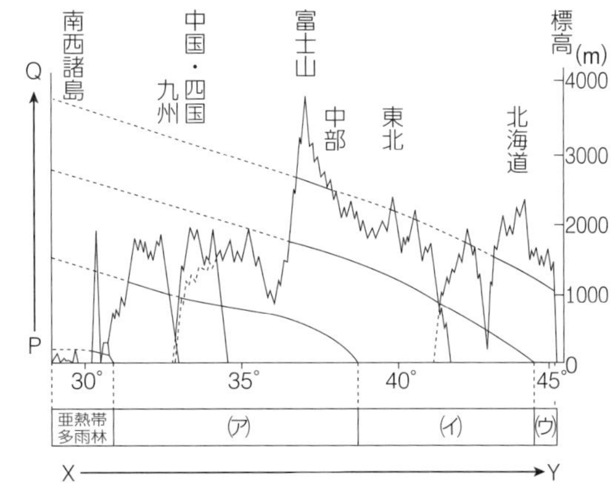

(1) 図の(ア)～(ウ)について，当てはまるバイオームの名称を答えよ。

(2) 図の(ア)～(ウ)のバイオームを代表する植物の組み合わせを，次の(A)～(D)から選べ。

(A) エゾマツ，シラビソ，トウヒ
(B) ガジュマル，ソテツ，オヒルギ
(C) ブナ，カエデ，ミズナラ
(D) スダジイ，アラカシ，クスノキ

(3) 図の X から Y のように，緯度に応じたバイオームの分布を何というか。

(4) 図の P から Q のように，標高に応じたバイオームの分布を何というか。

知 **132. 生態系●** 図を見て，次の文章中の空欄に適切な語句を入れよ。

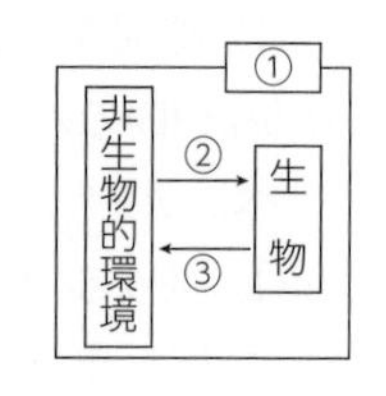

ある地域の生物とそれを取り巻く非生物的環境をまとめて(　①　)という。(　①　)において，非生物的環境が生物に影響を及ぼすことを(　②　)といい，逆に生物の活動が非生物的環境に影響を及ぼすことを(　③　)という。

知 **133. 生態系の構成①●** 次の文章中の空欄に当てはまる語句を，下の語群から選べ。

生態系を構成する生物は，その役割によって大きく2つに分けられる。光合成などによって無機物から有機物を合成するものを(　①　)といい，(　①　)がつくった有機物を直接的または間接的に得るものを(　②　)という。(　②　)のうち，(　①　)を食べるものを(　③　)，(　③　)を食べるものを(　④　)という。また，(　②　)の中でも，(　①　)や(　②　)の枯死体・遺体・排出物などの有機物を無機物に分解する過程にかかわる生物を特に(　⑤　)という。

〔語群〕 消費者　一次消費者　二次消費者　生産者　分解者

知 **134. 生態系の構成②●** 生態系の構成を示した図について，以下の問いに答えよ。

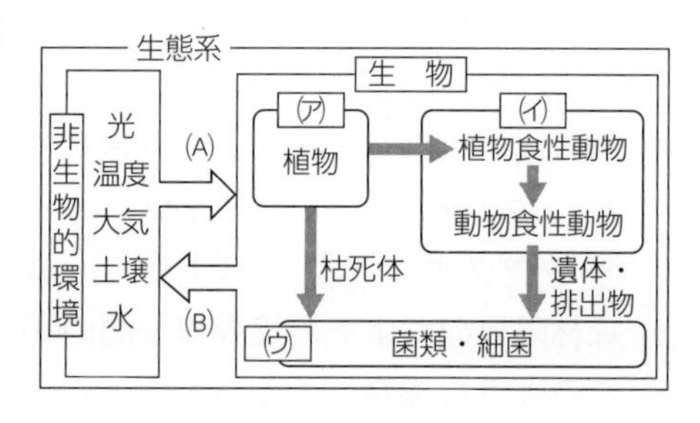

(1) 図の(ア)～(ウ)に当てはまる，生態系における役割の名称を答えよ。

(2) 図の(A)，(B)は，生物と非生物的環境がお互いに影響を及ぼすことを示している。それぞれ何というか。

知 **135. 森林の食物網●** 次の図は，ある森林における食物網を示している。このように，生態系はさまざまな生物で構成されているが，それらは(a)無機物から有機物を合成することができる生物と，(b)外界から有機物を取りこまないと生きられない生物に大別される。

(1) 文章中の下線部(a)，(b)のような生物を何というか。それぞれ漢字3文字で答えよ。

(2) 図中の(A)～(G)に適する生物を，次の①～⑨から1つずつ選べ。ただし，同じものをくり返し選ぶことはできない。

① ウサギ　② 菌類・細菌
③ ムカデ　④ モグラ
⑤ リス　⑥ ミミズ
⑦ イヌワシ　⑧ カエル
⑨ カマキリ

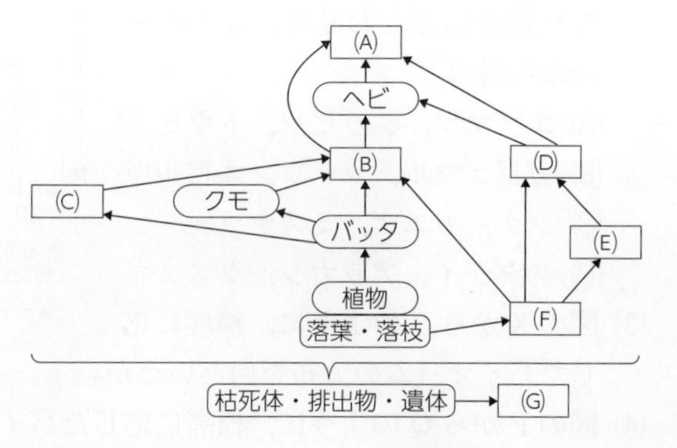

知 **136. 生物どうしの関係●** 次の(A)～(C)は，水田で見られる生物である。水田で構成される生態系に関する以下の問いに答えよ。

(A) トノサマガエル　(B) イナゴ　(C) イネ

(1) (A)～(C)の生物の食う食われるの関係を，食われるものを左側，食うものを右側にして矢印でつないで並び替えよ。(例：(A) → (B) → (C))

(2) 一連の鎖のようにつながっている，(1)のような関係を何というか。

(3) 実際の生態系における，複雑に入り組んだ食う食われるの関係全体を何というか。

知 **137. 生態ピラミッド●** 次の文章を読み，以下の問いに答えよ。

生産者を出発点とする食物連鎖の各段階を(　①　)という。図のように，(　①　)ごとに生物の個体数を下位のものから順に積み重ねたものを(　②　)という。一般に，(　①　)が上のものほどからだは{(A) ア. 大形　イ. 小形}で, 個体数は{(B) ア. 多く　イ. 少なく}なる。また，生物量について同様に表したものを(　③　)といい，(　②　)や(　③　)をまとめて(　④　)という。

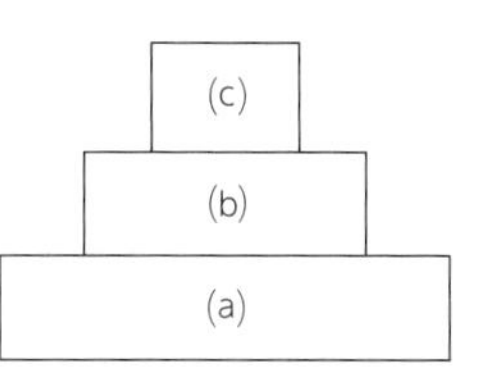

(1) 文章中の空欄①～④に適切な語句を入れよ。

(2) 文章中の(A)，(B)について，それぞれ正しいものを記号で答えよ。

(3) 図の(a)～(c)に当てはまるものを，次の中からそれぞれ選び，記号で答えよ。

(ア) 一次消費者　(イ) 二次消費者　(ウ) 生産者

知 **138. 生態系における有機物の収支●** 次の図は，生態系における生産者，一次消費者，二次消費者の有機物の収支を模式的に示したものである。以下の問いに答えよ。

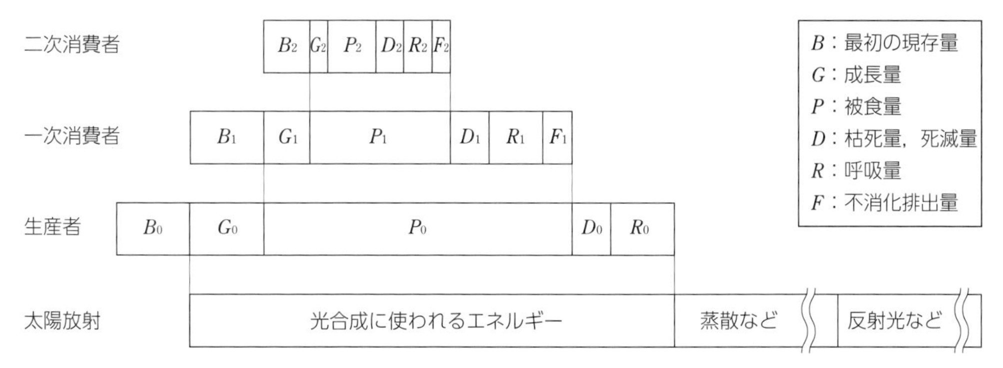

(1) 次の①～③について，図中の記号を用いた式で表せ。(例：$B_0 + G_0$)

① 生産者における総生産量

② 生産者における純生産量

③ 一次消費者における同化量

(2) 図中の，生産者，一次消費者，二次消費者は，生態系におけるさまざまな生物を食物連鎖の段階ごとにまとめたものである。このような段階を特に何とよぶか。

知 **139. 岩礁帯の生態系●** 図は，ある海岸の岩場における食物網を示したものである。図中の数字は，ヒトデが捕食する個体数の割合(%)を示している。これに関する次の文章を読み，以下の問いに答えよ。

この岩場からヒトデだけを除去し続けたところ，まず(　①　)とイガイが増加した。これはヒトデによる［(A)］がなくなったためと考えられる。1年後には岩場のほとんどをイガイが埋めつくした。これによって固着する場所を奪われた(　②　)も激減し，それによって(　③　)やカサガイも姿を消した。こうして岩場に生息する生物の種類は激減した。

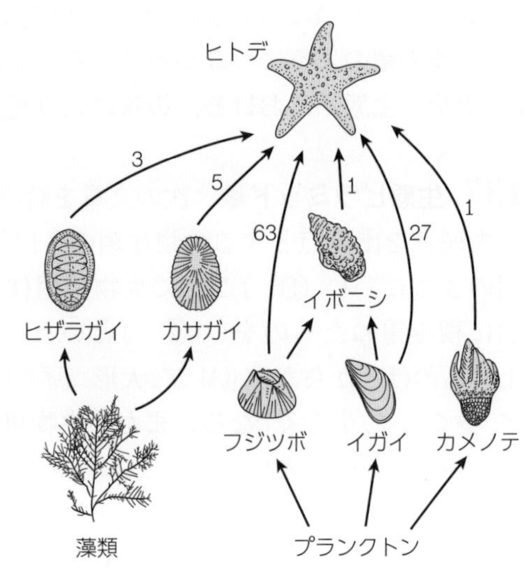

(1) 文章中の(　①　)～(　③　)に適する生物名を，図中から選んで答えよ。
(2) 文章中の［(A)］に適する語句を答えよ。
(3) 下線部について，ヒトデの存在は，直接の捕食対象ではない生物の生存にも影響を及ぼしている。このような現象を何とよぶか。

▶p.86 例題10

知 **140. アラスカ沿岸の生態系●** 次の文章を読み，以下の問いに答えよ。

アラスカの沿岸域では，ラッコがウニを捕食することで，ウニと食う食われるの関係にあるケルプ(コンブの一種)の繁茂が維持されており，繁茂したケルプをすみかとする多様な魚類や甲殻類などからなる豊かな海域が成立している。

この場所でラッコが急激に減少すると，それまでラッコに捕食されていたウニが(　①　)し，ウニの主食であるケルプが(　②　)する。その結果，そこで生活していた魚類や甲殻類の数にも影響がおよび，生態系の種多様性が(　③　)した。

(1) 文章中の空欄に当てはまる語句を「増加」または「減少」のいずれかで答えよ。
(2) この海域におけるラッコのように，ある生態系における上位の捕食者で，その生態系のバランスを保つのに重要な役割を果たしている生物種を何というか。

知 **141. 生態系のバランス●** 次の文章中の空欄に適する語句を下の語群から選べ。

生態系は，台風や洪水などによって(　①　)され，常に変動している。しかし，自然災害などによって生態系の一部が破壊されても，時間経過とともに，もとにもどろうとする(　②　)がはたらく。そのため，生態系の変動は一定の範囲内におさまり，生態系の(　③　)が保たれている。しかし，(　②　)をこえる大規模な(　①　)が起きたときには，その生態系の(　③　)は崩れて，別の生態系へと(　④　)する。

〔語群〕 (a) バランス　(b) 復元力　(c) かく乱　(d) 移行　(e) 維持

知 **142. 河川のはたらき●** 右図は，ある河川において，有機物を含んだ汚水の流入が継続的に見られる場所から下流に向かって，2種類の物質と2種類の生物の増減を示したものである。

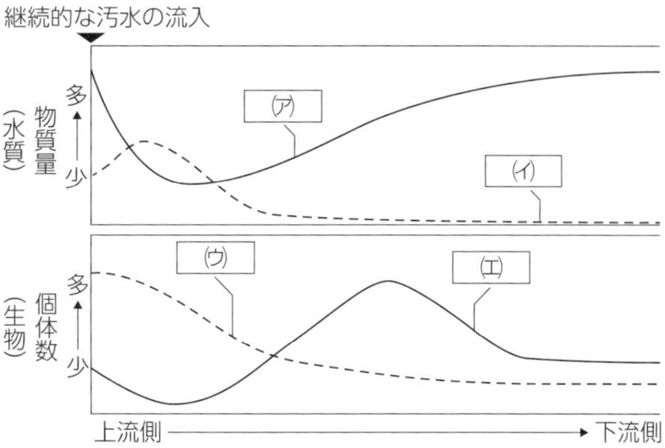

(1) 物質(ア)，(イ)はそれぞれ何か。次の中から選べ。

① アンモニウムイオン

② 酸素

(2) 生物(ウ)，(エ)はそれぞれ何か。次の中から選べ。

① 藻類　② 細菌

(3) (ア)の減少は，生物(ウ)のあるはたらきによるものである。何というはたらきか。

(4) (ア)の増加は，生物(エ)のあるはたらきによるものである。何というはたらきか。

知 **143. 河川の生態系●** 河川などに汚水が流入すると，その量が少ないときは，生態系のさまざまな作用によって水中の汚濁物は減少する。右図は，有機物を含んだ汚水が清流河川に流入したときの，流入地点から下流にかけての物質の量と生物の量の変化を示したものである。

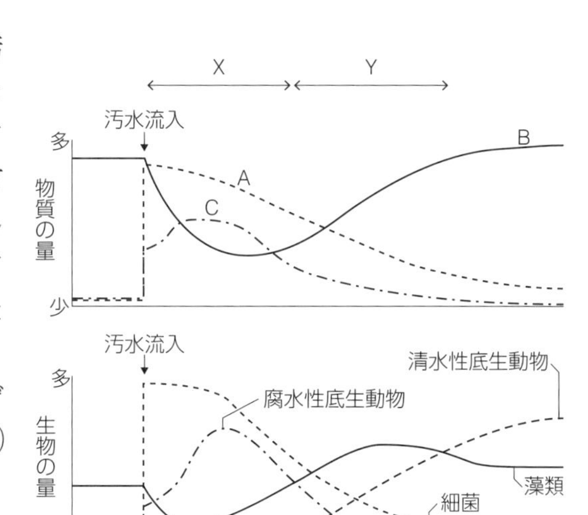

(1) 図中の物質A～Cの曲線はそれぞれ何を示したものか。次の(ア)～(エ)からそれぞれ1つずつ選べ。

(ア) NH_4^+　(イ) Ca^{2+}

(ウ) 酸素　(エ) 有機物

(2) 区間Xにおいて藻類が減少し，区間Yで藻類が増加していることを説明した次の文について，空欄(①)～(②)に適する語句を，図を参考にして答えよ。また，空欄(③)に入る適切な語句を，下の(ア)～(ウ)から選べ。

区間Xでは(①)の増殖で水の透明度が低下したため，藻類は十分な(②)を行うことができずに減少した。区間Yでは(①)が減少して水の透明度が上がり，藻類は増加した。また，藻類の増加によって，(③)。

(ア) Aが減少した　(イ) Bが減少した　(ウ) Cが減少した

(3) 河川に有機物を含んだ汚水が流入しても，やがてきれいな水になっていく。このような作用を何とよぶか。

知 **144. 水質汚染●** 次の文章を読み，以下の問いに答えよ。

窒素やリンなどの栄養塩類の濃度が低い湖を（　①　）という。（　①　）では，植物プランクトン，動物プランクトンともにあまり繁殖せず，魚介類も少ない。また，湖に流入する塩類がある程度増えても，水生植物などが吸収するので，塩類濃度は一定の範囲内に保たれる。しかし，生活排水などが大量に湖に流入すると，（　②　）が起こり，シアノバクテリアなどの植物プランクトンが異常繁殖して（　③　）が発生する。このような湖を（　④　）という。また，内湾や内海でも，河川からの栄養塩類が多量に流入して（　②　）が進むと，（　⑤　）という水面が赤くなる現象が起こる。

(1) 文章中の空欄に当てはまる語句を，次の中から選べ。

(a) 赤潮　(b) アオコ　(c) 貧栄養湖　(d) 富栄養湖　(e) 富栄養化

(2) 下線部のように，自然の湖には，ある程度の量であれば流入する栄養塩類や有機物などを浄化するしくみが備わっている。これを何というか。

知 **145. 生物の移入●** 次の文章を読み，以下の問いに答えよ。

オオクチバス（ブラックバス）は，アメリカから人為的に日本にもちこまれた淡水魚である。オオクチバスは何でも捕食し，繁殖力も強い。そのため，移入した湖沼では，もともと生息していたエビや稚魚が捕食され，これらの個体数が減少している。

(1) 文章中の下線部のように，人間の活動を通じて，本来分布していなかった場所に定着した生物を何というか。

(2) 日本における(1)の例として適当なものを，次の(a)～(f)の中からすべて選べ。

(a) アライグマ　(b) セイヨウタンポポ　(c) ウシガエル

(d) ホンモロコ　(e) クズ　(f) ヤンバルクイナ

(3) 琵琶湖では，オオクチバスなどの影響で，ゲンゴロウブナやニゴロブナなどに絶滅のおそれが生じている。このような絶滅の危機に瀕している生物を何というか。

(4) 日本における(3)の生物例を，(2)の(a)～(f)の中からすべて選べ。

知 **146. 人間活動と生態系●** 次の表は，1967年のアメリカ・ロングアイランド湾における水中，およびそこに生息する生物体のDDT濃度を示したものである。表の生物は，この生態系におけるいずれかの栄養段階に該当するものとする。なお，かつて農薬として大量に使用されていたDDTは，食物連鎖による（　A　）によって生物に悪影響を及ぼすので，現在はアメリカや日本では使用が禁止されている。

	水中	小形の魚類	コアジサシ	動植物プランクトン	ダツ
DDT濃度(ppm※)	0.00005	0.23	5.58	0.04	2.07

※ 1 ppm ＝ 100万分の1，質量の割合を表す

(1) 文章中の空欄（　A　）に適する語句を答えよ。

(2) 表に示されている生物を，栄養段階が下位のものから順番に並べよ。

(3) (1)のような現象が見られる物質の特徴として適当でないものを，次の中から選べ。

(a) 体内で分解されにくい。　(b) 体外に排出されにくい。
(c) 急性毒性がある。　(d) 体内に蓄積しやすい。

知 **147. 大気成分の変化●**　次の文章を読み，以下の問いに答えよ。

大気中の二酸化炭素，メタン，フロン，水蒸気などには，大気の温度を上昇させるはたらきがある。これを(　①　)とよび，このはたらきをもつ気体を総称して(　①　)ガスとよぶ。近年，石炭・石油・天然ガスなどの(　②　)の大量消費をはじめとした人間活動によって，大気中の(　①　)ガスが増加しており，その影響で(　③　)が進んでいると考えられている。

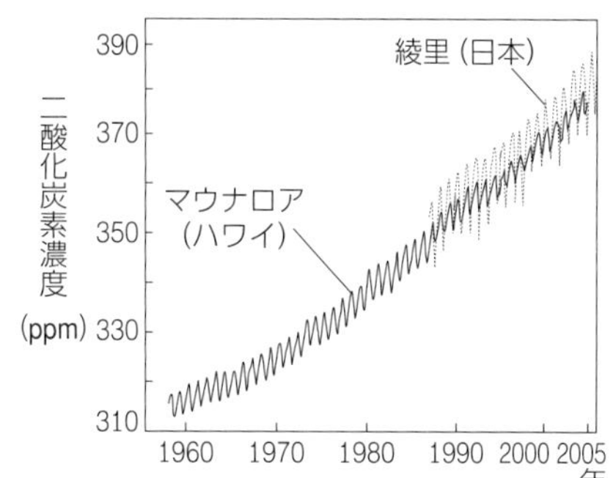

図は，マウナロアと綾里(岩手県)における二酸化炭素濃度の変化を示したものである。グラフは夏に下がって冬に上がるジグザグ形をしているが，全体として二酸化炭素の濃度は上昇し続けている。

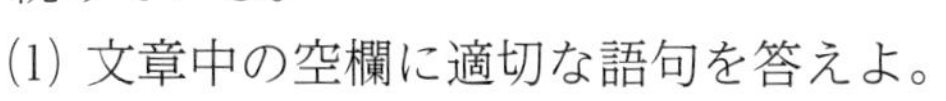

(1) 文章中の空欄に適切な語句を答えよ。
(2) 二酸化炭素濃度のグラフが下線部のような形になる理由として適切なものを，次の中から1つ選べ。
　(a) 夏は植物の光合成が盛んで二酸化炭素の吸収量が増加し，冬は植物の光合成量が低下して二酸化炭素の吸収量が減少するため。
　(b) 石油や石炭などの使用が夏には多くなるが，冬は少なくなるため。
　(c) 自動車の増加によって，二酸化炭素の排出量が年々増加しているため。

思 **148. 生物の多様性●**　次の文章を読んで，以下の問いに答えよ。

台風や山火事，洪水などの力によって自然状態を著しく変化させ，そのことがその場所に生息する生物に影響を与えることをかく乱とよぶ。生態系に大規模なかく乱が生じると，生態系のバランスが崩れ，生物の多様性が大きく損なわれることがある。このような場合は，かく乱に強い種だけが存在するような生態系になると考えられる。逆にかく乱がほとんど起こらなければ，生物どうしの競争に強い種だけが存在する生態系になると考えられる。

この文章の内容を表したグラフとして適当なものを，次の(ア)〜(エ)から選べ。

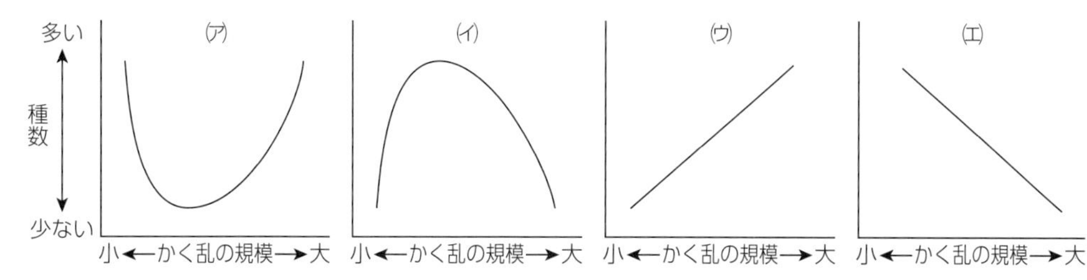

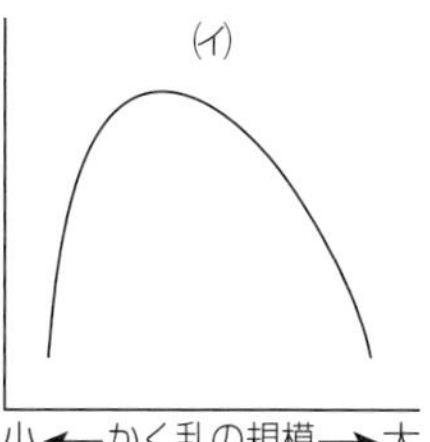
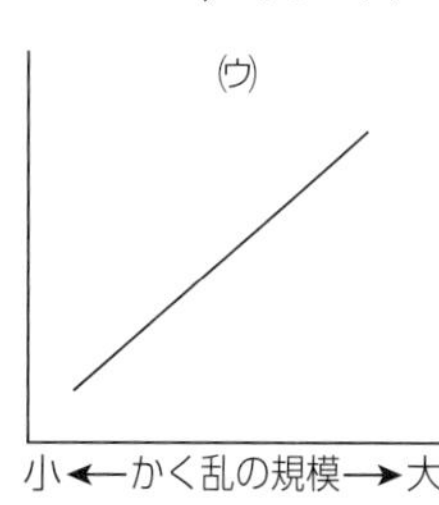
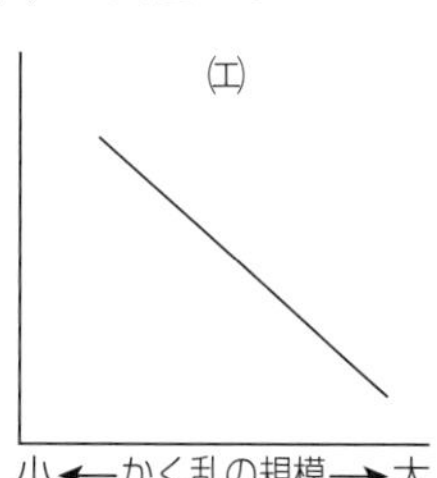

章末総合問題　リード C+　解説動画

知 **149.** **植生の遷移に関する次の文章を読み，以下の問いに答えよ。**

火山噴火に伴う溶岩流などによって裸地が生じると，最初に(　ア　)やコケ植物，草本植物などが侵入する。このように，遷移の初期にきびしい環境に最初に侵入する植物を(　イ　)植物という。その後，木本植物が侵入し，草原から森林へと移り変わる。森林の初期段階は，(　ウ　)を主体とする森林であり，このように遷移の初期に見られる森林を(　ウ　)林という。①(　ウ　)林はしだいに(　エ　)林へと遷移する。②(　エ　)が優占する森林は，大きな環境変化がないかぎり長年にわたって安定する。このような状態を極相とよぶ。極相がどのような植生になるかは，その地域の気温と降水量によって決まり，夏緑樹林や照葉樹林などのように分類されている。

(1) 文章中の(ア)～(エ)に入る適語を答えよ。

(2) 日本の次の地域の極相林を形成する代表的な樹種をそれぞれ2つずつ答えよ。

(a) 東北地方　　(b) 中国・四国地方

(3) 下線部②にあるように，大きな環境変化がないかぎり，下線部①の過程が逆行することはない。その理由として最も適当なものを，次の(a)～(c)の中から1つ選べ。

(a) 陽樹の芽ばえも陰樹の芽ばえも生育できるが，陰樹の芽ばえのほうが速く生育するため。

(b) 林床が暗くなるので，陽樹の芽ばえは生育できないが，昆虫などの食害に強い陰樹の芽ばえは生育できるため。

(c) 林床が暗くなるので，陽樹の芽ばえは生育できないが，耐陰性の高い陰樹の芽ばえは生育できるため。

(4) 下線部②の森林を形成する植物がつくる種子の形態は，一般的にどのような散布型の種子か。次の(a)～(c)の中から1つ選べ。

(a) 動物散布型種子　　(b) 重力散布型種子　　(c) 風散布型種子　　〔07 愛媛大 改〕

思 **150.** **バイオームに関する次の文章を読み，以下の問いに答えよ。**

日本列島はほぼ温帯に属する。各地で十分な降水量があるが，南北に長いことから地域による年平均気温の違いがあり，それに応じたバイオームの違いが見られる。このような，緯度に応じたバイオームの分布を(　A　)分布という。

また，標高が100 m上昇するごとに0.5℃気温が低下するため，同じ地域でも気温の違いに応じたバイオームの違いが見られる。このような，標高に応じたバイオームの分布を(　B　)分布という。

バイオームの分布は，各地域における暖かさの指数を指標にして説明することもできる。暖かさの指数とは，1年のうち月平均気温が5℃をこえる月について，各月の平均気温から5℃を引いた値を求め，それらを合計した値である。暖かさの指数が15～45では針葉樹林，45～85では夏緑樹林，85～180では照葉樹林，それ以上では亜熱帯多雨林が分布する。ここで，日本国内のある地域の，標高 100 m の地点での月平均気温を調べると，表のようになった。

月	1月	2月	3月	4月	5月	6月	7月	8月	9月	10月	11月	12月
平均気温(℃)	1	2	5	10	15	19	26	24	20	15	11	3

⑴ 文章中の空欄に当てはまる語句を答えよ。
⑵ この地点の暖かさの指数と，成立すると考えられるバイオームをそれぞれ答えよ。
⑶ この地点に成立するバイオームを特徴づける植物の生活形(環境に応じた形態)を，次の㋐～㋓から１つ選べ。
　㋐ 常緑針葉樹　㋑ 落葉針葉樹　㋒ 常緑広葉樹　㋓ 落葉広葉樹
⑷ この地域の標高 700 m の地点で成立すると考えられるバイオームを答えよ。ただし，気温は文章中の下線部のように変化するものとする。〔17 金沢工大 改〕

思 151. 生態系に関する次の文章を読み，以下の問いに答えよ。

生物の生存に人の活動が影響を与えてしまうことがあり，乱獲や環境破壊などが問題となっている。図は，東南アジアの森林などの状態と，そこに生息する哺乳類の種類数を棒グラフで示している。原生林とは人の手が加わっていない自然の林，択伐林とは人が成長した樹木を選んで切り，後継樹を植えるなど維持管理した林，その他は森林が破壊された後の再生途中の状態で，初期状態から順に，草地，低木群落，初期二次林，二次林となる。また，図中の●は，それぞれに生息する哺乳類の種数に占める外来生物の割合(%)である。

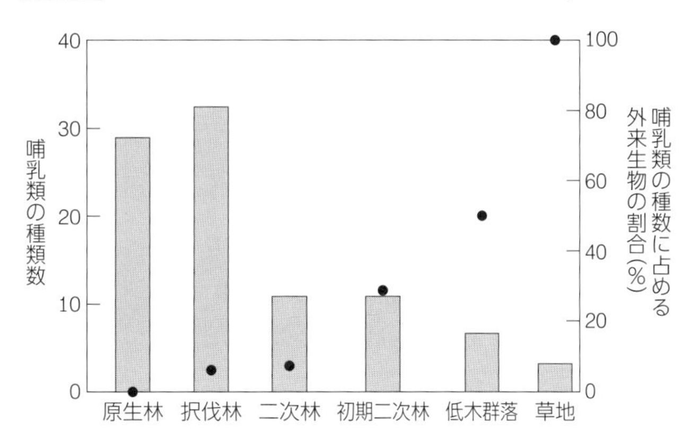

⑴ 下線部について，東北地方の平地で原生林が成立する場合，そのバイオームは何になると考えられるか。
⑵ 図に示されたデータから判断できることとして，最も適当なものを次の①～④から１つ選べ。
　① 原生林では哺乳類の種類も多く，在来種と外来種がバランスよく共存している。
　② 少しでも人の手が加わった森林では，哺乳類の種類が減少し，外来種が生息するようになる。
　③ 森林が破壊されると，在来種より外来種が先に，その場所に生息し始める。
　④ 森林が破壊された後の草地，低木群落，初期二次林では，在来種の生息種数よりも外来種の生息種数のほうが多い。〔20 金沢工大 改〕

巻末チャレンジ問題　大学入学共通テストに向けて

思 152. **顕微鏡を用いた細胞観察に関する次の文章を読み，以下の問いに答えよ。**

ある細胞をメチレンブルーで染色して顕微鏡で観察したところ，右図のように見えた。細胞Aと細胞Bの2つの細胞が観察され，細胞Aの輪郭は鮮明であったが，細胞Bの輪郭は不鮮明であった。

(1) 観察した細胞は，次の①～③のうちどれか。

① 大腸菌　② ヒトの口腔上皮細胞

③ オオカナダモの葉の細胞

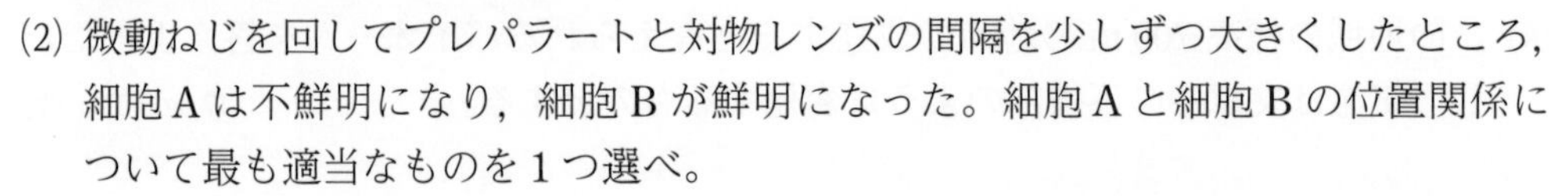

(2) 微動ねじを回してプレパラートと対物レンズの間隔を少しずつ大きくしたところ，細胞Aは不鮮明になり，細胞Bが鮮明になった。細胞Aと細胞Bの位置関係について最も適当なものを1つ選べ。

① 細胞Aの一部が細胞Bの上にある。　② 細胞Bの一部が細胞Aの上にある。

③ 細胞Aと細胞Bは重なっていない。

思 153. **代謝の学習に関する次の会話文を読み，以下の問いに答えよ。**

アカリさん：授業で学んだ代謝について実験計画を考える前に，プリントを見返して，学習したことを確認してみよう。

ユウさん：アカリさんのプリントには，いくつか間違った箇所があるね。

アカリさん：本当だ。後で直しておくね。代謝の中で光合成に興味をもったんだ。光合成についての実験を考えてみよう。

ユウさん：じゃあ，光合成に必要な条件について調べてみよう。

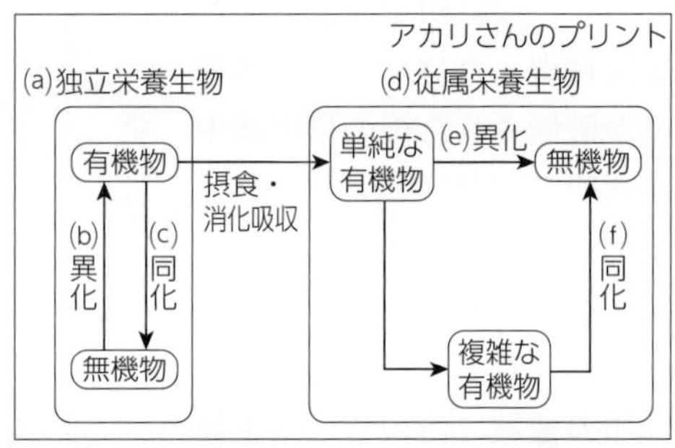

【実験】 AとBの2つのアジサイの鉢植えを用意して，それぞれ何も処理していない葉をA－1，B－1，アルミ箔で全体を覆った葉をA－2，B－2とする。鉢植えAは通常の空気を満たした容器の中に置き，鉢植えBは二酸化炭素を取り除いた空気を満たした容器の中に置いた。両方の鉢に同じ強さの光を12時間照射した後で，すべての葉をアルコールで脱色してからヨウ素液に浸して色の変化を調べた。

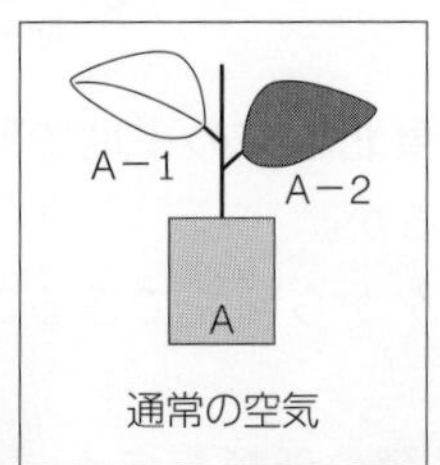

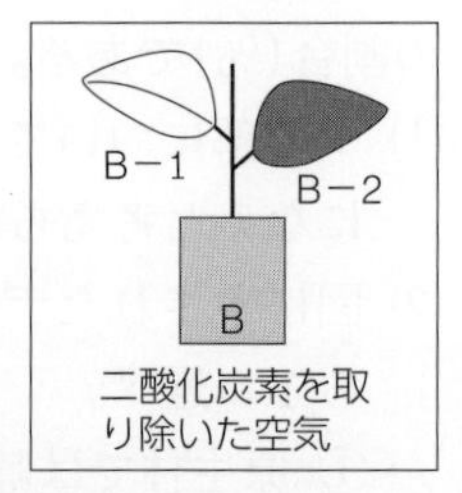

アカリさん：この実験で，光合成に二酸化炭素が必要なことを確かめるには，［ア］の葉を比較すればいいんだね。

ユウさん：そうだね。光合成に光が必要なことを確かめるには，［イ］の葉を比較すればいいんだね。

アカリさん：この実験だと［ウ］の葉で，最も濃い色の変化が見られたね。

(1) 下線部について，(a)～(f)のうち，間違った箇所は何個あるか。

① 1　② 2　③ 3　④ 4

(2) 文章中の［ア］に当てはまる記号の組み合わせを1つ選べ。

① A－1とA－2　② A－1とB－1　③ A－1とB－2
④ A－2とB－1　⑤ A－2とB－2　⑥ B－1とB－2

(3) 文章中の［イ］に当てはまる記号の組み合わせを1つ選べ。

① A－1とA－2　② A－1とB－1　③ A－1とB－2
④ A－2とB－1　⑤ A－2とB－2　⑥ B－1とB－2

(4) 文章中の［ウ］に当てはまる記号を1つ選べ。

① A－1　② A－2　③ B－1　④ B－2

思 **154.** DNAの複製に関する次の実験について，以下の問いに答えよ。

適切な培地を入れたシャーレで，24時間に1回分裂しているヒト由来の培養細胞がある。このシャーレに，蛍光を発するヌクレオチド※を添加して実験を行った。

※蛍光顕微鏡を用いて観察すると，このヌクレオチドが取りこまれた部分が，蛍光を発するのが観察できる。

【実験1】 蛍光を発するヌクレオチドを培地に加え，1時間細胞に取りこませた後，蛍光顕微鏡を用いて観察したところ，蛍光を検出できる核をもつ細胞が見られた。

【実験2】 蛍光を発するヌクレオチドを培地に加え，3時間細胞に取りこませた。その後，培地を洗い流し，蛍光を発するヌクレオチドを含まない培地を新たに加えてさらに10時間培養を続けた。その結果，蛍光顕微鏡を用いて観察すると，蛍光を検出できる分裂期中期の染色体が見られた。

(1) 右図は分裂している細胞における，細胞当たりのDNA量の変化を示したものである。下線部の細胞が，蛍光を発するヌクレオチドを取りこんだのは，グラフの①～④のどの時期か。

細胞当たりのDNA量（相対値）
0　1　2　3
① ② ③ ④
0　3　6　9　12　15　18　21　24　27　30（時間）
経過時間

(2) 実験2の蛍光を検出できる染色体では，図Aで示す分裂期中期の染色体のどの部分が蛍光を発しているか。次の中から最も適当なものを1つ選べ。

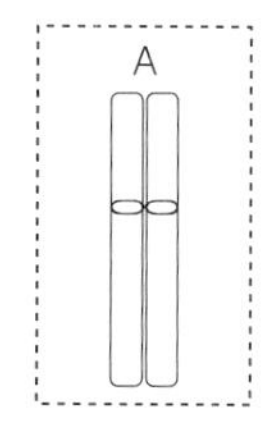

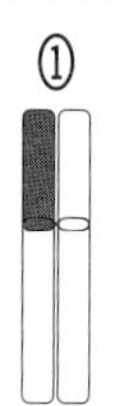

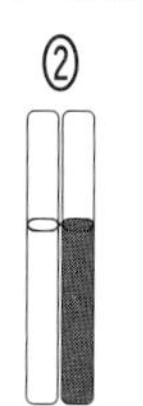

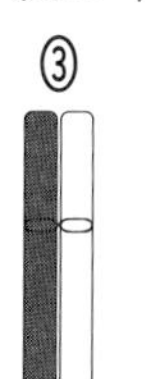

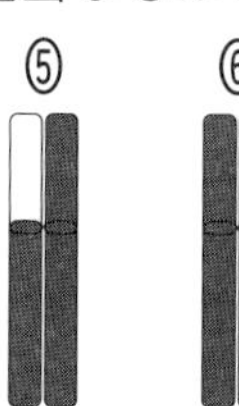

■ 蛍光を発している部分
□ 蛍光を発していない部分

思 **155.** 体内環境の調節に関する次の実験について，以下の問いに答えよ。

成熟したネズミの甲状腺を取り除き，その3週間後からホルモンAを毎日一定量ずつ注射し続けた。このときホルモンAとホルモンBの血中濃度は，それぞれ右図の曲線(a)および(b)のような変化を示した。図の横軸は甲状腺除去手術時を0とした時間を週単位で示す。

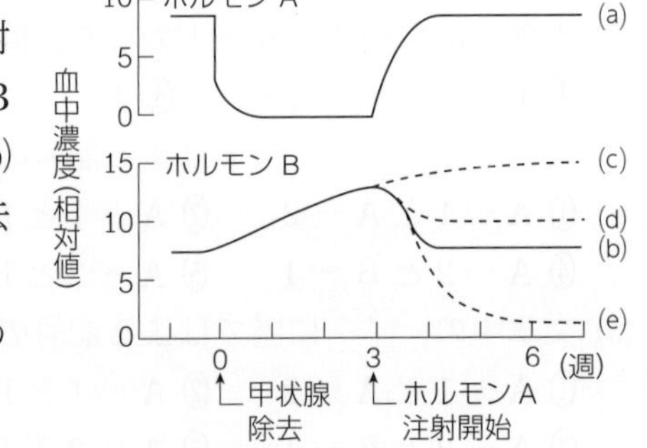

(1) ホルモンAとBは何か。次の①～⑤のうちから，それぞれ1つずつ選べ。

① インスリン　② チロキシン
③ グルカゴン　④ 甲状腺刺激ホルモン　⑤ 成長ホルモン

(2) この実験でホルモンAの注射量を5倍に増やした場合，ホルモンBの血中濃度は，図中の曲線のうち，どのような変化を示すと考えられるか。

① (b)　② (c)　③ (d)　④ (e)

(3) この実験からわかることとして，最も適当なものを1つ選べ。

① ホルモンAはホルモンBの分泌を促進する。
② ホルモンAはホルモンBの分泌を抑制する。
③ ホルモンAとホルモンBの分泌は無関係である。

思 **156.** 免疫記憶に関する次の実験について，以下の問いに答えよ。

ある哺乳類の複数の個体に抗原Xを注射し，それに対する抗体Xの産生量を調べたところ，図1のように，注射後7日目から増加し始め，17日目に最大(相対値1)になり，その後ゆるやかに減少した。また，抗原Xを注射した個体とは別の複数の個体に抗原Yを注射し，それに対する抗体Yの産生量を調べたところ，図1と同様に抗体量が変化した(図2)。ただし，抗原Xと抗原Yは異なる抗原である。上記と同じ哺乳類の別の複数の個体を対象に，抗原Xと抗原Yについて実験1，2を行った。

【実験1】 抗原Xを注射してから40日後に，再び抗原Xを注射し，抗体Xの産生量を調べた。

【実験2】 抗原Xを注射してから40日後に，抗原Yを注射し，抗体Yの産生量を調べた。

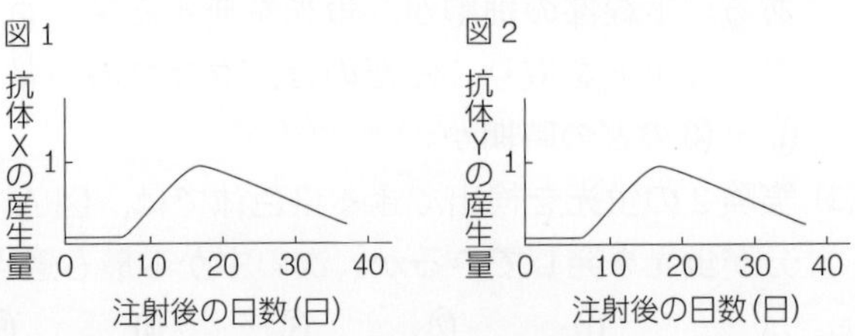

(1) 実験1の結果として最も適当なものを1つ選べ。ただし，最初に抗原Xを注射した日を0日目とする。

① 抗体Xは47日目から増加し始め，57日目に最大(相対値1)となる。
② 抗体Xは47日目から増加し始め，57日目に最大(相対値80)となる。
③ 抗体Xは43日目から増加し始め，51日目に最大(相対値1)となる。

④ 抗体Xは43日目から増加し始め，51日目に最大(相対値80)となる。

(2) 実験2の結果として最も適当なものを1つ選べ。ただし，最初に抗原Xを注射した日を0日目とする。

① 抗体Yは47日目から増加し始め，57日目に最大(相対値1)となる。
② 抗体Yは47日目から増加し始め，57日目に最大(相対値80)となる。
③ 抗体Yは43日目から増加し始め，51日目に最大(相対値1)となる。
④ 抗体Yは43日目から増加し始め，51日目に最大(相対値80)となる。

思 157. 外来生物に関する次の文章を読み，以下の問いに答えよ。

日本のある地域では，本来その生態系に生息していなかったオオクチバスが生息している。表1はオオクチバス移入前後の魚種別漁獲量の推移である。また，オオクチバスの胃の内容物を調査した結果が表2である。

表1　伊豆沼の魚種別漁獲量の推移(kg)

	1993年	1994年	1995年	1996年	1997年	1998年	1999年	2000年
タナゴ類※	5000	9500	11000	800	230	200	130	0
モツゴ・タモロコ・ヒガイ※	8650	11750	7000	8000	300	300	500	200
フナ※	6310	6300	7700	4500	3500	4300	4300	3500
コイ※	5360	5300	6200	4500	3200	4100	4100	2300
オオクチバス	−	−	−	700	2500	3000	2000	3500
その他	2730	2650	2800	1470	820	990	880	2610
合計	28050	35500	34700	19970	10550	12890	11910	12110

※タナゴ類，モツゴ，タモロコ，ヒガイ，フナ，コイはいずれもコイ科に属する。

表2　伊豆沼に生息するオオクチバスの胃の内容物の割合(%)

オオクチバスの体長	ミジンコ	コイ科仔魚	コイ科稚魚	水生昆虫	その他
20 mm 以下	73.2	0.0	0.0	2.0	24.8
20 ～ 25 mm	15.0	80.9	0.0	0.3	3.8
25 ～ 30 mm	12.0	21.5	57.3	5.1	4.1
30 ～ 40 mm	0.0	0.0	98.2	1.3	0.5

仔魚：幼生ともよばれる発生段階。仔魚の次の段階が稚魚。

(1) 表1からわかることとして，最も適当なものを1つ選べ。

① オオクチバスがこの地域に生息し始めたのは1994年である。
② タナゴ類は1995年から1996年の間で漁獲量が著しく減少している。
③ モツゴ・タモロコ・ヒガイは1995年から1996年の間で漁獲量が著しく減少している。
④ コイとフナの漁獲量の減少は，タナゴ類よりも著しい。

(2) 表1，2から導かれる結論として最も適当なものを1つ選べ。

① タナゴ類は体長20 mm以下のオオクチバスに捕食されることで減少した。
② ミジンコがオオクチバスに捕食されたために，モツゴ・タモロコ・ヒガイの数が減少した。
③ オオクチバスは，成長するにつれて食性を変化させる。
④ オオクチバスの移入と，この地域の漁獲量の減少は無関係である。
⑤ フナの仔魚は体長30 mm以上のオオクチバスに捕食されることで減少した。

初　版
第1刷　2012年10月1日　発行
新課程
第1刷　2021年11月1日　発行
改訂版
第1刷　2023年11月1日　発行
第2刷　2024年 2 月1日　発行

改訂版
リードLight生物基礎

ISBN978-4-410-28020-7

〈編著者との協定により検印を廃止します〉

編　者　数研出版編集部
発行者　星野泰也
発行所　**数研出版株式会社**
〒101-0052　東京都千代田区神田小川町2丁目3番地3
〔振替〕00140-4-118431
〒604-0861　京都市中京区烏丸通竹屋町上る大倉町205番地
〔電話〕　代表　(075)231-0161
ホームページ　https://www.chart.co.jp
印刷　寿印刷株式会社

〔編集協力者〕
大森茂樹　岡本元達
小澤等　久保田一暁
矢嶋正博

(前見返しからの続き)

□	グルカゴン	すい臓のランゲルハンス島のA細胞から分泌されるホルモン。グリコーゲンの分解を促進する。血糖濃度を上昇させる。
□	アドレナリン	副腎の髄質から分泌されるホルモン。グリコーゲンの分解を促進する。
□	糖質コルチコイド	副腎の皮質から分泌されるホルモン。タンパク質からの糖の合成を促進する。
□	糖尿病	血糖濃度が高い状態が続く疾患。血管障害などの合併症が生じる可能性がある。
□	血液凝固	血管の破損部位が，血小板やフィブリンなどのはたらきによりふさがれる過程。
□	血ぺい	血液凝固の際には，フィブリンが集まった繊維が血球をからめて血ぺいとなる。
□	線　溶	血管の傷の修復に伴い，フィブリンを分解して血ぺいを溶かすしくみ。
□	免　疫	異物の侵入を防いだり，侵入した異物を排除したりして，からだを守るしくみ。
□	物理的・化学的防御	免疫の段階の一つ。皮膚や粘膜で異物の侵入を防ぐしくみ。
□	食作用	白血球の一種である好中球などがもつ，異物を取りこんで分解するはたらき。
□	食細胞	食作用をもつ細胞。好中球，マクロファージ，樹状細胞などがある。
□	炎　症	マクロファージのはたらきなどによって，異物が侵入した部位の血管壁が拡張したり，血流が増えたりして，皮膚が熱をもって赤く腫れる現象。
□	ナチュラルキラー細胞	リンパ球の一種。病原体に感染した細胞やがん細胞を認識し，排除する。
□	自然免疫	物理的・化学的防御と食作用をまとめて自然免疫という。
□	適応免疫	特定の異物を認識して排除する免疫のしくみ。おもにリンパ球が関与する。
□	リンパ球	白血球の一種。リンパ球には，T細胞，B細胞，ナチュラルキラー細胞がある。
□	T細胞	リンパ球の一種。B細胞やマクロファージを活性化するヘルパーT細胞と，病原体に感染した細胞を直接攻撃するキラーT細胞がある。
□	B細胞	リンパ球の一種。ヘルパーT細胞によって活性化されたB細胞は増殖し，その多くは形質細胞に分化する。
□	免疫寛容	多様なリンパ球がつくられる過程で，自己の細胞や成分を認識するリンパ球が排除された結果，自分自身に対して免疫がはたらかなくなった状態。
□	抗　原	適応免疫で，リンパ球が特異的に攻撃する異物。
□	抗原提示	樹状細胞などが，取りこんだ異物の一部を細胞表面に提示するはたらき。
□	形質細胞	活性化・増殖したB細胞から分化する細胞。抗体を体液中に放出する。
□	抗　体	免疫グロブリンとよばれるタンパク質で，抗原と特異的に結合する。
□	抗原抗体反応	抗原と抗体が特異的に結合する反応。
□	体液性免疫	B細胞が中心となって起こる，抗体による免疫反応。
□	細胞性免疫	T細胞が中心となって起こる，食作用の増強や感染細胞への攻撃などの免疫反応。
□	免疫記憶	抗原の侵入に対してつくられたT細胞やB細胞の一部が記憶細胞として保存され，同じ抗原が2回目以降に侵入した際に，速やかに反応するしくみ。
□	二次応答	同じ抗原の2回目以降の侵入に対する，速やかで強い免疫反応。
□	日和見感染	免疫力が低下し，病原性の低い病原体に感染し発病すること。
□	エイズ	HIVによって起こる感染症。ヘルパーT細胞が破壊され，免疫機能が低下する。
□	アレルギー	異物に対する免疫反応が過敏になり，生体に不利益をもたらすこと。
□	アナフィラキシーショック	アレルギーによって引き起こされる，生命にかかわる重篤な症状。
□	自己免疫疾患	自己の正常な細胞や物質を抗原として認識し，免疫反応が起こる疾患。
□	予防接種	ワクチンを接種することで，人為的に免疫記憶を獲得し，感染症を防ぐ方法。
□	血清療法	あらかじめほかの動物につくらせておいた抗体を含む血清を，患者に注射する治療法。

改訂版

リード Light

生物基礎

＜解答編＞

数研出版

https://www.chart.co.jp

序章 顕微鏡の使い方

1.

⑴ ㋐ **4** ㋑ **3** ㋒ **1** ㋓ **6** ㋔ **5** ㋕ **2** ㋖ **7**
⑵ ⓐ **イ** ⓑ **キ** ⓒ **カ** ⓓ **エ** ⓔ **ウ**

解説 ㋕の反射鏡で光を反射させて対物レンズに入るようにする。㋒の対物レンズは試料を通過してきた光を屈折させて，鏡筒内に一次像をつくり，㋐の接眼レンズはこれを拡大して，二次像をつくる。対物レンズの倍率を変えるときは，㋑のレボルバーをまわす。

2.

2→1→7→6→3→4→5

解説 レンズの取りつけは，接眼レンズ→対物レンズの順に行う。これは対物レンズを先に取りつけると，ほこりやごみなどが鏡筒や対物レンズ内に落ちることがあるからである。また，低倍率で目的物を探して視野の中央に置いてから，レボルバーをまわして高倍率にする。

3.

⑴ **b** ⑵ **b** ⑶ $\mathbf{\frac{1}{16}}$

解説 ⑴ 低倍率から高倍率にすると，視野は暗くなるので，(b)が正解である。
⑵ 低倍率から高倍率にすると，焦点深度は浅くなるので，(b)が正解である。
⑶ 対物レンズを10倍から40倍にかえると，試料の長さは4倍に，面積は $4^2 = 16$ 倍に拡大されて見える。そのため，視野におさまる試料の範囲は小さくなり，一度に見える試料の面積(視野の広さ)は対物レンズが10倍のときの $\frac{1}{16}$ になる。

4.

⑴ **固定** ⑵ **b** ⑶ **染色** ⑷ **酢酸オルセイン(または酢酸カーミン)**

解説 ⑵ ホルマリンは，細胞の固定に用いる。中性赤とヤヌスグリーンは染色液で，中性赤は液胞などを赤色に，ヤヌスグリーンはミトコンドリアを青緑色に染色する。
⑷ 酢酸オルセインや酢酸カーミンは，DNAを含む核を赤く染める染色液で，酢酸で試料を固定し，オルセインやカーミンで染色する。

5.

⑴ (A) **対物ミクロメーター** (B) **接眼ミクロメーター** ⑵ **B** ⑶ **10 μm**
⑷ **接眼ミクロメーター…5目盛り，対物ミクロメーター…3目盛り**
⑸ **30 μm** ⑹ **6 μm** ⑺ **240 μm**

解説 ⑶ 1 mm = 1000 μm であり，これが100等分されているので，対物ミクロメーター1目盛りは，10 μm(= 1000 μm ÷ 100)
⑸ 対物ミクロメーターの1目盛りが10 μmなので，
10 μm/目盛り × 3目盛り = 30 μm
⑹ 対物ミクロメーター3目盛り(30 μm)に，接眼ミクロメーター5目盛りが一致しているので，接眼ミクロメーターの1目盛りの長さは，

$$\frac{30\ \mu m}{5目盛り} = 6\ \mu m/目盛り$$

(7) 接眼ミクロメーターの1目盛りが6 μmなので，ゾウリムシの大きさは，

6 μm/目盛り×40目盛り＝240 μm

6.

(1) **16 μm**　(2) **192 μm**

解説 (1) 図1より，対物ミクロメーターの8目盛りと接眼ミクロメーターの5目盛りが一致しているので，接眼ミクロメーター1目盛りの長さは，

$$\frac{8目盛り \times 10\ \mu m}{5目盛り} = 16\ \mu m$$

(2) 細胞の大きさは，接眼ミクロメーターの12目盛り分である。

16 μm/目盛り×12目盛り＝192 μm

7.

(1) (ア) **光学顕微鏡**　(イ) **電子顕微鏡**
(2) **近接した2点を2点として見分けることができる最小の間隔**
(3) **ア**

解説 (3) 光学顕微鏡は，ヒトの眼で見ることのできる光(可視光)を利用するため，試料の色を見分けることができる。また，固定や染色をしなければ，生きたままの試料を観察することができる。一方，電子顕微鏡では，光より波長の短い電子線を利用するため，色を見分けることができない。また，基本的に生きたままの試料を観察することはできない。

8.

(1) **オ→ア→エ→イ→カ→ウ**　(2) **ウ，カ**

解説 (1) 大腸菌の大きさ(長径)は約2～4 μm，ヒトの口腔上皮細胞の大きさは約50～60 μm，カエルの卵の大きさは約3 mm，葉緑体の大きさ(長径)は約5 μm，インフルエンザウイルスの大きさは約0.1 μm，ゾウリムシの大きさは約250 μmである。

(2) 肉眼の分解能より大きなものであれば，肉眼でも見ることができる。肉眼の分解能は約0.1 mm(100 μm)なので，それよりも大きいカエルの卵((ウ))，ゾウリムシ((カ))が正解となる。

9.

(1) (ア) **mm**　(イ) **μm**
(2) ① **b**　② **c**　③ **d**　④ **e**　⑤ **a**　⑥ **f**

解説 (2) 図の直線は，左に行くほど小さく，右に行くほど大きいことを示している。構造体の大きさを考えるとき，その構造体と細胞との関係から大きさを推測できることがある。選択肢のうち，赤血球，ゾウリムシ，カエルの卵，ヒトの座骨神経は細胞である。それに対し，ミトコンドリアは細胞の中にある構造体，細胞膜は細胞の外側をおおう膜であることから，細胞よりも小さい(薄い)と考えることができる。

第1章 生物の特徴

10.

① イ ② ウ ③ オ ④ ア

解説 生物は，生息環境に応じた形態の違いなどの多様性をもっている。一方で，細胞からなり，細胞の中には遺伝情報を担うDNAが存在するといった共通性をもつ。

11.

(1) ① 進化 ② 系統 ③ 系統樹 (2) (ア) a (イ) d (ウ) c

解説 (1) 現在見られる多様な生物は，共通の祖先生物から進化したもので，その道筋を系統といい，系統を図に表したものを系統樹という。

(2) Aは魚類，両生類，は虫類・鳥類，哺乳類の共通の祖先を表しているので，脊椎動物全体の共通の祖先である。Bは両生類，は虫類・鳥類，哺乳類の共通の祖先なので，これらに共通する特徴から，歩行のための四肢をもつ動物の共通の祖先とわかる。Cは，一生を通じて肺呼吸を行う生物であるは虫類・鳥類，哺乳類の共通の祖先である。両生類は，幼生の時期はえら呼吸を行う。

12.

① 細胞 ② **DNA** ③ 真核 ④ 原核 ⑤ 生殖 ⑥ エネルギー ⑦ **ATP**

解説 生物の共通性としては，「細胞膜によって周囲と仕切られた細胞からできていること」，「遺伝物質としてDNAをもつこと」，「代謝において，エネルギーの受け渡しにATPを利用すること」などがあげられる。

細胞内のDNAが核膜に包まれている生物を真核生物，核膜をもたない生物を原核生物という。ヒトなどの多細胞生物の場合，DNAは卵や精子などの生殖細胞を通じて子に伝えられる。

13.

1，3

解説 ② 動物のように，光合成を行わない生物もいるので誤り。動物は，生命活動に必要なエネルギーを，体外から取りこんだ有機物から得ている。

④ 大腸菌やシアノバクテリアのような原核細胞は，DNAが核膜で包まれておらず，核をもたないので，誤り。

14.

(1) 動物細胞

(2) ① 細胞膜 ② ミトコンドリア ③ 核 ④ サイトゾル(細胞質基質)

(3) (ア) 3 (イ) 2

解説 (1) 細胞の最外層が細胞膜であることから，動物細胞であることがわかる。

15.

(1) (a) 細胞壁 (b) 液胞 (c) 核 (d) ミトコンドリア (e) 葉緑体 (2) ウ

(3) (a) イ (b) エ (c) ア (d) オ (e) ウ

解説 (1), (3) (e)はクロロフィルなどの光合成色素をもつ葉緑体である。(d)は(e)より小さい細胞小器官であり，ミトコンドリアである。ミトコンドリアでは呼吸が行われる。アントシアンは液胞中の細胞液に含まれる色素である。細胞壁はおもにセルロースからなり，細胞の形態の保持や保護にはたらく。

(2) 核，細胞壁，大きな液胞があることから，植物細胞である。さらに葉緑体もあるので，タマネギのりん葉の表皮の細胞でないことがわかる。

16. (1) (ア) ミトコンドリア (イ) 細胞壁 (ウ) 液胞 (エ) 核 (オ) 葉緑体 (カ) 細胞膜
(2) 1 (3) イ，オ (4) サイトゾル(細胞質基質)

解説 (2) (ア)のミトコンドリアは，無機物ではなく有機物を分解してエネルギーを取り出す。

(3) 一般的な植物細胞には存在するが，動物細胞には存在しない構造は，細胞壁と葉緑体である。大きな液胞は動物細胞には見られないが，液胞そのものは動物細胞にも存在する。

17. (1) ① 核膜 ② 原核 ③ 真核 (2) イ，ウ (3) シアノバクテリア

解説 (2), (3) 原核生物には大腸菌や乳酸菌，ネンジュモ，ユレモなどがある。このうち，ネンジュモやユレモのように，光合成を行うことで酸素を発生させるものをシアノバクテリアという。酵母は酵母菌ともよばれるが，これはキノコやカビのなかま(菌類)で，真核生物である。

18. (1) (a) DNA (b) 細胞膜 (2) 核膜 (3) 名称…原核生物，例…イ，ウ

解説 原核細胞は，核のほか，ミトコンドリアや葉緑体などの細胞小器官ももたない。

19. (1) 原核細胞，原核生物
(2) (ア) − (イ) ＋ (ウ) ＋ (エ) ＋ (オ) ＋ (カ) ＋ (キ) − (ク) − (ケ) ＋

解説 (2) 核は，原核細胞である大腸菌にはなく，真核細胞であるネズミの肝臓の細胞とサクラの葉肉細胞にある。細胞膜はすべての細胞にある。葉緑体は植物細胞である葉肉細胞のみがもつ。

20. (1) (a) エ (b) ウ (c) イ (d) ア (2) イ (3) イ

解説 (1) すべての細胞に存在する(a)は細胞膜である。また，酵母，葉肉細胞，乳酸菌に共通する(c)は細胞壁である。乳酸菌は原核生物なので，(d)が核膜であるとわかる。葉肉細胞のみがもつ(b)は葉緑体である。

(2) 細胞①は(d)の核膜をもたない。ヒトの細胞で核膜をもたないのは，赤血球である。

(3) 生物②は細胞膜と細胞壁をもつが，葉緑体と核膜をもたないので，原核生物である。ネンジュモはシアノバクテリアのなかまで，葉緑体をもたないが，光合成を行う。

21. ① 代謝 ② 異化 ③ 同化 ④ 放出 ⑤ 吸収

解説 代謝は，異化と同化に大きく分けることができる。異化は有機物などの複雑な物質を分解してエネルギーを取り出す過程で，その代表的なものが呼吸である。同化は簡単な物質から複雑な物質を合成する過程で，その代表的なものが，二酸化炭素と水から光エネルギーを利用して有機物を合成する光合成である。

22. ① ATP ② アデノシン三リン酸 ③ アデニン ④ ADP(アデノシン二リン酸)
⑤ 高エネルギーリン酸

解説 代謝においてエネルギーのやりとりの仲立ちをする物質はATP(アデノシン三リン酸)である。ATPは3個のリン酸をもち，このリン酸どうしの結合を高エネルギーリン酸結合という。ATPから1個のリン酸がとれてADP(アデノシン二リン酸)になるときに放出されるエネルギーが生命活動に利用される。

23. (1) (ア) アデニン (イ) リン酸 (2) 高エネルギーリン酸結合
(3) ADP(アデノシン二リン酸)

解説 ATPの高エネルギーリン酸結合が切れると，ATPはADPとリン酸に分解され，このとき，多量のエネルギーが放出される。

24. (1) a (2) 呼吸 (3) イ，エ (4) アデニン，リボース，リン酸

解説 (1),(2) 生体内で起こる化学反応を総称して代謝という。代謝は，反応の進行にエネルギーを必要とする同化と，反応の進行に伴ってエネルギーが放出される異化に大別できる。同化の代表例は光合成，異化の代表例は呼吸である。
(3) ATPが分解されてADPとリン酸になるとき，多量のエネルギーが放出される。図の(イ)と(エ)がATPで，(ア)と(ウ)がADPである。
(4) アデニンとリボースが結合した物質をアデノシンという。

25. ① b ② d ③ c

解説 ① 光合成は，光エネルギーを有機物中の化学エネルギーに変換する反応である。
② 筋肉運動は，ATPのもつ化学エネルギーを運動エネルギーに変換する反応である。
③ 呼吸は，有機物中の化学エネルギーをATPの化学エネルギーとして取り出す反応である。

26. (1) ① 酸素 ② 呼吸 ③ ATP(アデノシン三リン酸) (2) ミトコンドリア
(3) ④ 有機物 ⑤ 二酸化炭素

解説 呼吸は，酸素を使って有機物を分解する過程である。呼吸によって，有機物は最終的に，二酸化炭素と水に分解される。

27. ⑴ ⒜ 酸素 ⒝ 二酸化炭素 ⑵ **c** ⑶ ミトコンドリア

解説 図は，ミトコンドリアで行われる呼吸の過程を示したものである。ミトコンドリアでは，酸素を使って，有機物を二酸化炭素と水に分解し，その際に取り出されたエネルギーを用いて ATP を合成する。よって，⒞が ATP，⒟が ADP である。

28. ⑴ ① 同化 ② 光合成 ③ **ATP**(アデノシン三リン酸)
⑵ 葉緑体 ⑶ ④ 水 ⑤ 酸素

解説 同化のうち，光エネルギーを用いて二酸化炭素と水から有機物を合成する反応を，光合成という。

29. ⑴ 光 ⑵ ⒝ 二酸化炭素 ⒞ 酸素 ⑶ **d** ⑷ 葉緑体
⑸ クロロフィル

解説 図は，光合成の過程を示したものである。物質合成の観点から見ると，呼吸の反応と光合成の反応は，互いに逆反応であることを認識すると理解しやすい。
⑸ 葉緑体には，クロロフィルという，光合成のための緑色の色素が含まれる。

30. ⑴ ㋐ **a，c，d** ㋑ **a，b，c，d** ⑵ ㋐ **a** ㋑ **b** ㋒ **c，d**

解説 ⑴ 一般的に，動物は呼吸を，植物は光合成と呼吸の両方を行っている。また，すべての生物において，代謝の過程では必ず ATP の合成や分解が行われる。
⑵ 呼吸や光合成などの代謝には，反応を進めるための酵素が必要である。また，呼吸では，有機物を分解し，このとき取り出されたエネルギーを用いて ATP を合成する。光合成では，光エネルギーを利用して ATP を合成し，その ATP を利用して有機物を合成している。よって，呼吸も光合成も ATP を合成する反応が含まれる。

31. ⑴ ㋐ 同化 ㋑ 異化 ㋒ 異化 ⑵ 光合成 ⑶ **ATP**(アデノシン三リン酸)

解説 ⑴ 単純な物質から複雑な物質を合成してエネルギーを蓄えるはたらきが同化，逆に複雑な物質を単純な物質に分解してエネルギーを取り出すはたらきが異化である。図では，有機物が複雑な物質，無機物が単純な物質にあたる。

32. ⑴ **a，c** ⑵ **b，d** ⑶ Ⓐ 光合成 Ⓑ 呼吸
⑷ **ADP**(アデノシン二リン酸) ⑸ (i) **c** (ii) **e**

解説 ⑴～⑶ 反応Ⓐは，光エネルギーを吸収して無機物から有機物を合成する光合成の過程を示している。光合成は同化の代表的な例である。反応Ⓑは，有機物を無機物に分解してエネルギーを取り出す呼吸の過程を示している。呼吸は異化の代表的な例である。

(4) (ア)は，ATP が分解されてできる ADP である。
(5) 光合成のための色素であるクロロフィルは，太陽からの光エネルギーを吸収する。呼吸で取り出されたエネルギーは，ATP の中の化学エネルギーとして蓄えられる。

33. (1) (A) **植物細胞** (B) **動物細胞** (2) (a) **葉緑体** (b) **ミトコンドリア**
(3) (ア) **ATP(アデノシン三リン酸)** (イ) **二酸化炭素**
(4) Ⅰ **光合成** Ⅱ **呼吸** (5) **4**

解説
(1) 細胞(A)は，Ⅰの光合成とⅡの呼吸の両方を行っているので植物細胞である。(B)はⅡの呼吸のみを行っているので動物細胞である。
(2) Ⅰの光合成は葉緑体，Ⅱの呼吸はミトコンドリアで行われる。
(3) (イ)は，光合成において有機物を合成する材料として使われており，さらに，呼吸において水とともに生成されているので，二酸化炭素である。
(5) 光合成によってできる有機物の代表はデンプンである。アントシアンは液胞の中などに蓄えられる色素，アミラーゼは消化酵素である。

34. ① **触媒** ② **酵素** ③ **タンパク質** ④ **カタラーゼ** ⑤ **酸素**

解説 カタラーゼは，過酸化水素を酸素と水に分解する反応を促進する酵素である。

35. (1) **触媒** (2) ① **×** ② **○** ③ **×** ④ **○** ⑤ **○**

解説
(2) ① 酵素は反応の前後で変化せず，くり返し基質と反応することができるので，×。
② 酵素は反応の前後で変化せず，くり返しはたらくことができる。よって，少量でも化学反応を触媒することができるので，○。
③ 酵素はタンパク質からなるが，DNA は含まないので，×。
④ 酵素には，消化酵素のように細胞外ではたらくものもあるので，○。
⑤ ミトコンドリアには呼吸ではたらく酵素が存在するので，○。

36. (1) **A 液…イ，B 液…エ** (2) **酸素** (3) **カタラーゼ** (4) **c** (5) **c**

解説 酵素であるカタラーゼはさまざまな組織に含まれるが，特に肝臓に多く含まれる。カタラーゼは，酵素の実験材料としてよく用いられる。
(1)～(3) 3 %過酸化水素水に肝臓抽出液を加えると，肝臓抽出液に含まれるカタラーゼのはたらきによって，過酸化水素水(H_2O_2)が水(H_2O)と酸素(O_2)に分解される。
(5) 酸化マンガン(Ⅳ)(MnO_2)は，カタラーゼと同様の作用をもつ無機触媒である。

37. (1) ① **基質** ② **基質特異性** (2) **B**

解説
(2) 反応後に A は生成物に変化しているので，基質とわかる。A と反応している B が酵素である。

38. (1) a　(2) ミトコンドリア　(3) b　(4) 葉緑体

解説 (1), (2) 呼吸に関係する酵素群は(a)のミトコンドリアに分布する。
(3), (4) 光合成に関係する酵素群は(b)の葉緑体に分布する。

39. (1) (ア) ミトコンドリア　(イ) 核　(ウ) サイトゾル(細胞質基質)　(エ) 細胞膜
(オ) 液胞　(カ) 葉緑体　(キ) 細胞壁
(2) 葉緑体，細胞壁　(3) (ア) 呼吸　(カ) 光合成

解説 (2) 動物細胞には，大きな液胞は見られないが，液胞そのものは存在する。
(3) (ア)はミトコンドリアなので呼吸の場である。(カ)は葉緑体なので光合成の場である。

40. (1) (ア) 合成　(イ) 分解　(ウ) 吸収　(エ) 放出　(2) b　(3) d　(4) b

解説 (1) 同化は，単純な物質から複雑な物質を合成する過程であり，エネルギーが吸収される。一方，異化は，複雑な物質を単純な物質に分解する過程であり，エネルギーが放出される。
(2) 呼吸では，反応の進行に伴って酸素が消費され，二酸化炭素が発生する。
(3) ミトコンドリアは葉緑体よりも小さいので，a は誤り。ミトコンドリアは細胞内に多数見られるので，b は誤り。ミトコンドリアは光学顕微鏡で注意して観察すると見ることができる。また，ヤヌスグリーンを用いると青緑色に染色されてより見えやすくなる。よって，c は誤り。
(4) アデニンとよばれる塩基とリボースとよばれる糖が結合したものがアデノシンであり，アデノシンのリボースにリン酸が 3 つ結合したものが ATP である。

41. (1) (ア) 光合成　(イ) ATP(アデノシン三リン酸)　(ウ) 呼吸　(エ) 酸素
(2) (A) 光　(B) 化学　(C) 化学　(D) 化学

解説 (2) 光合成や呼吸をエネルギー変換の観点からまとめると，光合成では，太陽の光エネルギーを ATP の化学エネルギーに変換し，さらにそれを有機物中の化学エネルギーに変換している。呼吸では，有機物中の化学エネルギーから ATP の化学エネルギーへの変換が行われている。

42. (1) (A) カタラーゼ　(B) 酸素　(2) 2，6

解説 (2) 酵素は反応に必要なエネルギー(活性化エネルギー)を減少させて化学反応を促進するので，①は誤り。消化酵素のように細胞外ではたらく酵素もあるので，③は誤り。酵素は反応の前後で変化しないので，④は誤り。酵素は，ふつう特定の基質としか反応しない基質特異性をもつので，⑤は誤り。

第2章 遺伝子とそのはたらき

43. (1) ① カ ② オ ③ ア ④ イ ⑤ ウ ⑥ キ (2) デオキシリボ核酸

解説 (1) 卵や精子などの生殖細胞は減数分裂によってつくられ，DNA 量はもとの体細胞の半分になる。このため，卵と精子が受精してできる受精卵の DNA 量は体細胞と同じになる。

44. (1) 1 (2) 2 (3) 2

解説 (1) DNA は細胞を破砕することで細胞の核から出て，抽出しやすくなる。ブロッコリーの花芽の細胞は小さく，単位重量当たりの DNA 量が多い。そのため DNA 抽出実験の材料としてよく使われる。

(2) 簡易的な DNA 抽出液としては，食塩水に中性洗剤を混ぜたものが使われる。中性洗剤には界面活性剤が含まれており，細胞膜や核膜を分解して DNA を取り出しやすくする。食塩は，DNA をとりまいているタンパク質を取り除くために使われる。

(3) 酢酸オルセインや酢酸カーミン液は DNA を赤色に染める試薬である。ヨウ素溶液はデンプンの検出に使う試薬，ヤヌスグリーンはミトコンドリアを青緑色に染色する試薬である。

45. (1) (a) 3 (b) 2 (c) 1 (2) デオキシリボース
(3) A…アデニン T…チミン G…グアニン C…シトシン

解説 DNA の構成単位はヌクレオチドで，ヌクレオチドはリン酸，糖，塩基からなる。DNA を構成するヌクレオチドは糖としてデオキシリボースをもち，塩基にはアデニン(A)，チミン(T)，グアニン(G)，シトシン(C)の 4 種類がある。

46. (1) (ア) リン酸 (イ) 糖(デオキシリボース) (ウ) 塩基 (2) ヌクレオチド

解説 ヌクレオチドは，リン酸，糖，塩基がこの順に結合したものであり，隣りあうヌクレオチドどうしは，リン酸と糖の間で結合している。

47. (1) ① T ② C ③ 相補 (2) イ (3) TAACGTACC

解説 DNA は，A と T，G と C が相補的に結合した 2 本のヌクレオチド鎖からなる。一方のヌクレオチド鎖の塩基配列がわかっている場合，もう一方のヌクレオチド鎖の塩基配列はその相補的な塩基を考えればよい。

48. (1) 二重らせん構造 (2) ① T ② A ③ G ④ C (3) 塩基配列
(4) 2 (5) T…20 % G…30 % C…30 %

解説 (4) DNAの塩基はAとT, GとCが相補的に結合しているので, DNA中の塩基の割合は, AとTが等しく, GとCが等しい。

(5) DNA中の塩基の割合はA＝Tとなるので, Aの割合が20％のとき, Tも20％とわかる。AとTを除いた残りの60％がGとCであり, 同様に, G＝Cとなるので, GとCはそれぞれ30％ずつとわかる。

49.

(1) (ア) **C** (イ) **T** (2) (ウ) **f** (エ) **c** (3) **(塩基の)相補性**

解説 (1) DNAの塩基はAとT, GとCがそれぞれ相補的に結合し, 塩基対をつくっている。そのため, DNA中の塩基の割合はAとT, GとCがそれぞれほぼ同じ割合となる。表より, Aと(イ)の数値, またGと(ア)の数値はどの生物でも近い値を示していることから, (イ)はT, (ア)はCだと判断できる。

(2) (イ)は塩基Tであり, 相補的に結合するAと割合がほぼ同じになるはずである。酵母のAの割合は31.7なので, (ウ)にはこれと最も近い数値である(f) 32.6が当てはまる。同様に, (エ)は塩基C((ア))の割合と近い値になると考えられるので, (c) 21.2となる。なお, この問題のように測定の結果が示されている場合は, AとT, GとCの割合が全く同じ数値ではなかったり, 全塩基の割合の合計が100にならなかったりする場合もある。

50.

(1) (ア) **S** (イ) **DNA分解酵素** (ウ) **DNA** (2) (a) **2** (b) **1** (3) **形質転換**

解説 (1), (2) グリフィスは, R型菌がS型菌に含まれる何らかの物質の影響を受けるとS型菌に形質転換することを発見した。さらにエイブリーらは, R型菌を形質転換させる物質はS型菌のもつDNAであることを示唆した。

(3) R型菌がS型菌に変化するなど, 遺伝形質が変化することを形質転換という。

51.

(1) (ア) **細胞周期** (イ) **間** (ウ) **M(分裂)**
(2) (a) **G_1期** (b) **S期** (c) **G_2期** (3) **b**

解説 DNAの複製とは, もとのDNAと同じDNAが合成されることであり, 細胞周期においてDNAの複製が行われるのはS期((b))である。

52.

(1) ① **ヌクレオチド** ② **相補** ③ **半保存的**
(2) (a) **TACGTACGT** (b) **ATGCATGCA**

解説 (1) DNAが複製されるときは, まずDNAの二重らせん構造がほどけてヌクレオチド鎖が1本ずつにわかれる。そして, それぞれのヌクレオチド鎖が鋳型となり, 相補的な塩基をもつヌクレオチドが結合していくことで, 新たなヌクレオチド鎖ができる。このような複製方法を半保存的複製という。

53. (1) **DNA，タンパク質** (2) ① **C** ② **B** ③ **A** (3) **13 時間**

解説 (2) (A)は凝縮した太い染色体が 2 本に分かれているので M 期(分裂期)の後期，(B)は凝縮した太い X 字形の染色体が見られるので M 期の中期，(C)は染色体が複製されているので間期の G_2 期である。

(3) 観察した全細胞数に対する間期の細胞数の割合は，細胞周期全体に要する時間(20 時間)に対する間期の所要時間の割合に等しいと考えられるので，求める間期の時間は， $20\text{時間} \times \dfrac{65\text{個}}{(65+18+8+5+4)\text{個}} = 13\text{時間}$ となる。

54. (1) ① **c** ② **b**
(2) **細胞どうしの接着をゆるめて，ばらばらにしやすくするため。**
(3) **部分…核(染色体)，色…赤色** (4) **エ → オ → イ → ウ → ア**
(5) **間期…12 時間　分裂期…3 時間**

解説 (1),(2) 下線部①の固定は，細胞を生きた状態に近いままで保存するための処理である。下線部②の解離は，細胞をばらばらにして，観察しやすくするための処理である。

(5) 問題の図に示されている細胞の総数は 25 個。そのうち間期は 20 個，分裂期は 5 個である。したがって，それぞれに要する時間は次のように計算される。

間期… $15\text{時間} \times \dfrac{20\text{個}}{25\text{個}} = 12\text{時間}$　分裂期… $15\text{時間} \times \dfrac{5\text{個}}{25\text{個}} = 3\text{時間}$

55. (1) (a) **ウ** (b) **ア** (c) **イ** (d) **エ** (2) **a，b，c**

解説 (1) (b)は細胞当たりの DNA 量が時間の経過とともに増えているため，S 期(DNA 合成期)であることがわかる。また，(d)はその時期の完了後に DNA 量が半減しているので，M 期(分裂期)であることがわかる。(a)は(b)の前の時期であるから G_1 期(DNA 合成準備期)，(c)は(d)の前の時期であるから G_2 期(分裂準備期)である。

(2) 細胞周期は，大きく間期と M 期(分裂期)に分けることができる。間期に含まれるのは，(a)の G_1 期，(b)の S 期，(c)の G_2 期である。

56. (ア) **タンパク質** (イ) **DNA** (ウ) **アミノ酸**

解説 動物では，タンパク質は水に次いで多い成分で，DNA の遺伝情報をもとにして合成される。その種類は非常に多く，ヒトでは 10 万種類程度あるといわれている。

57. (1) ① **タンパク質** ② **DNA** ③ **RNA**
(2) (a) **(遺伝情報の)転写** (b) **(遺伝情報の)翻訳**

解説 転写とは，DNA の遺伝情報が RNA に写し取られる過程であり，翻訳とは RNA の塩基配列がタンパク質のアミノ酸配列に読みかえられる過程である。

58. (1) **リボース** (2) (イ) **アデニン** (ウ) **ウラシル** (エ) **グアニン** (オ) **シトシン** (3) **2**

解説 (1) DNA のヌクレオチドを構成する糖はデオキシリボース，RNA のヌクレオチドを構成する糖はリボースである。

(2) DNA のヌクレオチドを構成する塩基は，アデニン(A)，チミン(T)，グアニン(G)，シトシン(C)である。一方，RNA のヌクレオチドを構成する塩基はアデニン(A)，ウラシル(U)，グアニン(G)，シトシン(C)である。

(3) RNA の長さは DNA よりも著しく短い。

59. (1) ① **糖** ② **塩基** ③ **ヌクレオチド** ④ **デオキシリボース** ⑤ **アデニン** ⑥ **チミン** ⑦ **グアニン** ⑧ **シトシン** ⑨ **ウラシル** ⑩ **1**
(2) **DNA** (3) **核**

解説 (1),(2) DNA と RNA には，次のような違いがある。

	糖	塩基	ヌクレオチド鎖	分子の大きさ
DNA	デオキシリボース	A，T，G，C	2本鎖	大
RNA	リボース	A，U，G，C	1本鎖	小

(3) 真核細胞では，DNA はおもに核の中にある。ただし，ミトコンドリアや葉緑体にも独自の DNA がある。

60. ① **デオキシリボース** ② **リボース** ③ **チミン** ④ **ウラシル** ⑤ **2本鎖** ⑥ **1本鎖**

解説 DNA(deoxyribonucleic acid)に含まれる糖はデオキシリボース(deoxyribose)，RNA(ribonucleic acid)に含まれる糖はリボース(ribose)である。

61. ① **転写** ② **相補** ③ **ヌクレオチド** ④ **ウラシル(U)** ⑤ **UACG**

解説 転写における，DNA のヌクレオチドの塩基と RNA のヌクレオチドの塩基の対応は次のようになる。

DNA	A	T	G	C
	↓	↓	↓	↓
RNA	U	A	C	G

62. (1) ① **T** ② **C** ③ **U** ④ **C** (2) **転写**

解説 (2) DNA の塩基配列が RNA の塩基配列に写し取られる過程を転写という。

63. ① **翻訳** ② **アミノ酸** ③ **コドン** ④ **アンチコドン** ⑤ **GUA**

解説 DNA の塩基配列が転写されてできた RNA から，遺伝情報としてはたらかない部分を取り除いたものを mRNA(伝令 RNA)という。mRNA の連続した塩基3個の配列をコドンといい，1個のアミノ酸を指定する。これに対して，tRNA(転移 RNA)がもつ塩基3個の配列をアンチコドンという。tRNA はアンチコドンに対応した特定のアミノ酸を結合して運ぶ。

64. (1) ① 転写 ② 翻訳 (2) ③ コドン ④ アンチコドン
(3) ⑤ **U** ⑥ **G** ⑦ **A** ⑧ **C**

解説 (2) mRNA において，1個のアミノ酸を指定する連続した塩基3個の配列をコドン，これに相補的な tRNA のもつ塩基3個の配列をアンチコドンという。

65. (1) **mRNA（伝令 RNA）** (2) ウラシル (3) コドン
(4) アンチコドン (5) **tRNA（転移 RNA）** (6) **1**

解説 (1)～(5) DNA の塩基配列が転写されてできた RNA から，遺伝情報としてはたらかない部分を取り除いたものを mRNA（伝令 RNA）という。mRNA の連続する3個の塩基配列をコドン，これに相補的な tRNA のもつ塩基配列をアンチコドンという。mRNA と tRNA がもつ塩基は，アデニン（A），ウラシル（U），グアニン（G），シトシン（C）である。
(6) 各細胞において，遺伝子に基づいてタンパク質が合成されることを，遺伝子が発現するという。

66. (1) (ア) **DNA** (イ) **mRNA** (ウ) **tRNA** (エ) アミノ酸
(2) ① **U** ② **C** ③ **U** ④ **U** ⑤ **G** ⑥ **A** ⑦ **C** ⑧ **C**
⑨ **G** ⑩ **U** ⑪ **U** ⑫ **A** ⑬ **C** ⑭ **A** ⑮ **C**
(3) (a) 転写 (b) 翻訳

解説 (1) DNA（(ア)）の塩基配列を転写した(イ)は mRNA，mRNA のコドンに対応している(ウ)が tRNA である。tRNA がもつ，mRNA のコドンに相補的な塩基3個の配列はアンチコドンである。
(2) mRNA の塩基配列は左から UC…となっているので，DNA の下側のヌクレオチド鎖の塩基配列が鋳型となり転写されたことがわかる。
(3) DNA の塩基配列が mRNA の塩基配列に写し取られる過程(a)を転写，mRNA の塩基配列がアミノ酸配列に置きかえらえる過程(b)を翻訳という。

67. (1) ウ→ア→エ→オ→イ (2) ① **UCAGGUGACUCA** ② **4個**

解説 (1) DNA からタンパク質が合成される過程では，まず DNA の一部の塩基対の結合が切れ，2本鎖が1本鎖にほどける（(ウ)）。ほどけたヌクレオチド鎖の一方の塩基に，相補的な塩基をもった RNA のヌクレオチドが結合する（(ア)）。次に，隣りあう RNA のヌクレオチドが連結され，DNA の塩基配列を写し取った1本鎖の mRNA ができる（(エ)）。mRNA のコドンに対応したアンチコドンをもつ tRNA が結合する（(オ)）。tRNA のアンチコドンに対応したアミノ酸が次々に結合し，タンパク質が合成される（(イ)）。

(2) ② 3個の塩基配列が1つのアミノ酸を指定するので，12 ÷ 3 = 4(個)のアミノ酸が指定される。

68.

(1) **遺伝暗号表**　(2) ① **開始コドン**　② **終止コドン**
(3) **AUGUAUAAUGACAAGUAA**
(4) **メチオニン－チロシン－アスパラギン－アスパラギン酸－リシン**

解説
(1) mRNAのコドンと対応する，アミノ酸の関係をまとめた表を遺伝暗号表という。
(2) 翻訳の開始を指定するコドンを開始コドンといい，AUGの配列である。また，翻訳の終了を指定するコドンを終止コドンといい，UAA，UAG，UGAの3つの配列がある。
(4) 最後のコドンであるUAAは終止コドンであり，指定するアミノ酸はない。

69.

(1) **AUGCGCGAGUUUAAUCAUGUGUGA**
(2) **メチオニン－アルギニン－グルタミン酸－フェニルアラニン－アスパラギン－ヒスチジン－バリン**

解説
(1) 最後のコドンであるUGAは終止コドンであり，指定するアミノ酸はない。

70.

(1) ① **体細胞分裂**　② **(細胞の)分化**　(2) **ア**

解説
(2) 体細胞分裂によってできた細胞はすべて同じ遺伝情報をもっているが，分化した細胞では，組織や器官によってはたらく遺伝子が異なっている。

71.

(1) (A) **イ**　(B) **ウ**　(C) **ア**　(2) **(細胞の)分化**　(3) **A，B，C**

解説
(1) クリスタリンは水晶体をつくる透明なタンパク質，インスリンはすい臓のランゲルハンス島でつくられるホルモン，ケラチンは皮膚を構成するタンパク質である。
(3) 分化した後の体細胞も，受精卵がもつ全遺伝情報をもっている。

72.

① **相同染色体**　② **ゲノム**　③ **塩基**　④ **c**

解説
遺伝子はDNA中に飛び飛びに存在していて，ヒトの場合，タンパク質のアミノ酸配列を指定している塩基配列はゲノム全体の1％程度しかないといわれている。

73.

(1) **2組**　(2) ① **30億(塩基対)**　② **2万(個)**

解説
(1) 有性生殖をする生物の体細胞は，父親と母親からそれぞれ1組ずつゲノムを受け継いでおり，2組のゲノムをもつ。
(2) ヒトゲノムは，約30億塩基対あり，その中に約20500個の遺伝子があると推定されている。

74.

(1) **1.2×10^3(塩基対)**　(2) **1.6×10^6(個)**

解説 (1) 4.8×10^6 塩基対の中に4000個の遺伝子が存在するので，1個の遺伝子に含まれる塩基対数の平均は　$\dfrac{4.8\times10^6}{4000}=1.2\times10^3$(塩基対)

(2) 連続する塩基3個の配列が1個のアミノ酸を指定するので，4.8×10^6 塩基対のすべてがアミノ酸を指定するとしたときのアミノ酸の数は

$\dfrac{4.8\times10^6}{3}=1.6\times10^6$(個)

75.

(1) ① **リン酸**　② **デオキシリボース**

(2) (a) **20％**　(b) **27％**　(c) **23％**　(d) **20％**　(3) **ウ**

解説 (2) (a) AとTが相補的に結合するので，Ⅱ鎖におけるTの割合はⅠ鎖におけるAの割合と等しい。問題文より，Ⅰ鎖におけるAの割合は20％である。

(b) 2本鎖DNAにおけるAの割合は，

$$\frac{\text{Ⅰ鎖のAの割合}+\text{Ⅱ鎖のAの割合}}{2}=\frac{20\%+26\%}{2}=23\%$$

2本鎖DNAにおけるAの割合とTの割合は等しいので，Tの割合も23％。AとTを除いた残りの54％がGとCとなる。2本鎖DNAにおけるGの割合とCの割合も等しいので，それぞれ27％ずつとなる。

(c) もとの2本鎖DNAにおけるTの割合と同じなので，23％。

(d) Ⅱ鎖を鋳型に転写されたRNAなので，Ⅱ鎖のTの割合20％と同じになる。

(3) (ア) DNAとRNAで共通する塩基はA, G, Cである。残りの1つはDNAではTで，RNAではUである。

(イ) 転写されるのはDNAのごく一部分であり，RNAはDNAに比べて著しく短い。

(エ) DNAもRNAもリン酸，糖，塩基からなる。

76.

(1) **C**　(2) **B**　(3) ① **b**　② **c**

解説 (1) 大腸菌を ^{15}N のみを含む培地で何代も培養すると，DNAの塩基中の窒素はほぼすべてが ^{15}N に置きかわる。よって，この大腸菌から得られたDNAは ^{15}N のみを含むため，(C)にバンドが生じる。

(2), (3) (1)の大腸菌を ^{14}N のみを含む培地で1回分裂させると，^{15}N を含むもとのヌクレオチド鎖を鋳型に，^{14}N を含むヌクレオチド鎖がつくられる。よって，図の(ア)のようにDNAはすべて中間の重さとなり，(B)にバンドが生じる。

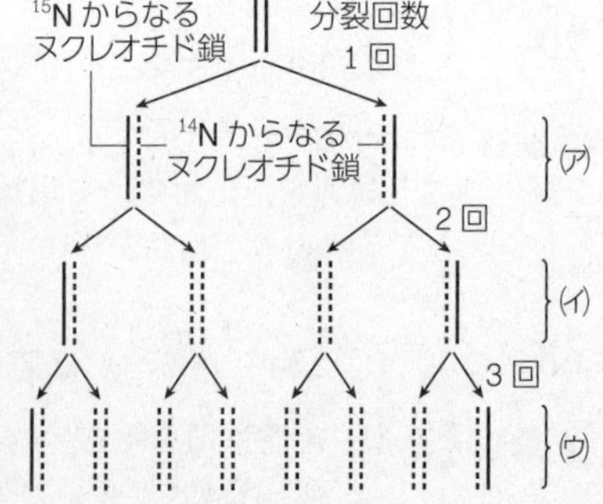

2回目の分裂において，^{14}N を含むヌクレオチド鎖を鋳型として合成されるDNAは，2本のヌクレオチド鎖のいずれも，^{14}N からなる軽いDNAとなる。一方，^{15}N を含むヌクレオチド鎖を鋳型として合成されるDNAは，1回目の分裂のときと同様に，中間の重さのDNAとなる。これら2種類のDNAの割合は，図の(イ)のように

(A) 軽い DNA：(B) 中間の重さの DNA：(C) 重い DNA ＝ 2：2：0 ＝ 1：1：0
となる。

また，同様に3回目の分裂でも軽い DNA と中間の重さの DNA ができ，その割合は図の(ウ)のように
(A) 軽い DNA：(B) 中間の重さの DNA：(C) 重い DNA ＝ 6：2：0 ＝ 3：1：0
となる。

77.

(1) **X 群：a　Y 群：b　Z 群：f**　(2) ① **1 時間**　② **10 時間**　③ **5 時間**

解説

(1) X 群は細胞当たりの DNA 量が 2 であるため，G_1 期（DNA 合成準備期）((a)) の細胞群だと考えられる。また，Y 群は細胞当たりの DNA 量が 2 倍に増えつつある細胞群であるため，S 期（DNA 合成期）((b)) の細胞群だと考えられる。Z 群は G_1 期に比べて DNA 量が 2 倍に増えているため，G_2 期（分裂準備期）と M 期（分裂期）の両方を含む ((f)) 細胞群だと考えられる。

(2) 細胞 4000 個に占める各期の細胞数の割合は，細胞周期 20 時間に占める各期の長さの割合と等しいと考えることができる。つまり，

$$\frac{\text{各期の細胞数}}{\text{全細胞数(4000 個)}} = \frac{\text{各期の長さ}}{\text{細胞周期(20 時間)}}$$　これを変形すると，

$$\text{各期の長さ} = \text{細胞周期(20 時間)} \times \frac{\text{各期の細胞数}}{\text{全細胞数(4000 個)}}$$

の関係が成り立つ。よって，各期の細胞数がわかれば，各期の長さが求められる。

① 問題文より M 期の細胞は 200 個であるので，M 期に要する時間は，

$$20\text{ 時間} \times \frac{200\text{ 個}}{4000\text{ 個}} = 1\text{ 時間}$$

② (1)より G_1 期の細胞数は図の X 群の細胞数であり，2000 個である。よって G_1 期に要する時間は，

$$20\text{ 時間} \times \frac{2000\text{ 個}}{4000\text{ 個}} = 10\text{ 時間}$$

③ (1)より S 期の細胞数は図の Y 群の細胞数である。Y 群の細胞数は，全体の細胞数から X 群と Z 群の細胞数を引くことで求められ，その数は
4000 個 −（2000 個 ＋ 1000 個）＝ 1000 個　である。よって S 期に要する時間は，

$$20\text{ 時間} \times \frac{1000\text{ 個}}{4000\text{ 個}} = 5\text{ 時間}$$

78.

(1) **Y**　(2) **AAGGCAAAUGGAUUCACU**
(3) ① **アラニン**　② **アスパラギン**　③ **グリシン**
④ **フェニルアラニン**　⑤ **トレオニン**
(4) **イ**

解説

(1) リシンを指定するコドンは AAA，AAG である。これと相補的な DNA の塩基配列は TTT，TTC である。したがって TTC を含む Y の塩基配列が鋳型として使われたことがわかる。

(4) (ア) 開始コドン AUG はメチオニンを指定するのでアミノ酸は存在する。
(ウ) コドンは 64 通りあるが，コドンが指定するアミノ酸の種類は 20 種類しかない。

第3章 ヒトの体内環境の維持

79.

① b ② a ③ e ④ d ⑤ c

解説 内分泌系はホルモンを血液中に分泌して特定の器官へ情報を伝え，神経系はニューロンが各器官に直接につながることで情報を伝える。神経系は脳・脊髄などの中枢神経系と自律神経系・体性神経系(運動神経・感覚神経)などの末しょう神経系に分けられる。

80.

(1) ニューロン(神経細胞)　(2) 中枢神経系

解説 (1) ニューロン(神経細胞)は細胞の一部が突起として長く伸びた構造をしており，各器官に直接つながることで情報を伝える。
(2) 中枢神経系には多くのニューロンが集合し，判断と命令を行う。

81.

(1) (ア) d (イ) a (ウ) b (エ) c　(2) 中枢神経系

解説 (2) 中枢神経系は脳・脊髄からなる。

82.

(1) ① 間脳の視床下部 ② 大脳 ③ 中脳 ④ 小脳 ⑤ 延髄　(2) 脳死

解説 (1) 大脳は記憶・思考・意思の中枢，間脳の視床下部は自律神経系や内分泌系の中枢，中脳は姿勢維持・眼球運動・瞳孔反射の中枢，小脳は筋肉運動の調節やからだの平衡を保つ中枢，延髄は呼吸や血液循環などの生命活動にかかわるはたらきの中枢である。
(2) 間脳と中脳と延髄などをまとめて脳幹といい，生命を維持するために重要な内臓のはたらきを調節する機能が集まっている。脳幹を含む脳全体の機能が停止して，回復不能な状態になると脳死と判断される。また，大脳の機能は停止しているが脳幹の一部の機能が残っている場合を植物状態という。

83.

① e ② c ③ d ④ f ⑤ a ⑥ b ⑦ h ⑧ g

解説 自律神経系には交感神経と副交感神経がある。交感神経は興奮状態を引き起こし，副交感神経は安静状態を引き起こすというように，両者の拮抗作用(相反するはたらき)によって体内環境が維持されている。交感神経と副交感神経を統合的に調節しているのは間脳の視床下部である。

84.

(1) (a) 交感神経 (b) 副交感神経　(2) 間脳(視床下部)
(3) ① b ② a (ア) 抑制 (イ) 促進 (ウ) 促進 (エ) 抑制 (オ) 促進 (カ) 抑制

解説 (1) 交感神経は，すべて脊髄から出て，交感神経幹を経て各器官に達する。副交感神経には，中脳および延髄から出る神経や脊髄の先端部(仙髄)から出る神経などがある。
(3) 興奮時には交感神経がはたらき，休息時には副交感神経がはたらく。交感神経は主として促進的なはたらきをもつが，消化管の運動や消化液の分泌，排尿に対しては，抑制的にはたらく。

85. (1) 交感神経　(2) 副交感神経　(3) 名称…ペースメーカー(洞房結節)　位置…1

解説
(1) 交感神経はおもに活発な状態や興奮した状態のときにはたらき，心臓の拍動を促進する。
(2) 副交感神経はおもに休息時などのリラックスしている状態のときにはたらき，心臓の拍動を抑制する。
(3) 右心房にあるペースメーカーが拍動の信号を周期的に発することで，自律神経による調節がなくても一定のリズムで心臓の拍動を維持することができる。

86. (1) (a) 成長ホルモン　(b) バソプレシン　(c) アドレナリン　(d) 糖質コルチコイド　(e) インスリン
(2) ① イ　② ア　③ エ　④ ウ

解説
(1) 脳下垂体前葉から分泌され，タンパク質の合成や骨の発育を促進するのは成長ホルモン((a))である。脳下垂体後葉から分泌され，腎臓での水分の再吸収を促進するのはバソプレシン((b))である。副腎髄質から分泌され，血糖濃度を上げるはたらきをするのはアドレナリン((c))である。副腎皮質から分泌され，タンパク質から糖の合成を促進するのは糖質コルチコイド((d))である。すい臓のランゲルハンス島から分泌され，血糖濃度を下げるはたらきをするのはインスリン((e))である。
(2) ① 甲状腺刺激ホルモンは，甲状腺からのチロキシンの分泌を促進する。
② 副腎皮質刺激ホルモンは，副腎皮質から分泌されるホルモンのうち，糖質コルチコイドの分泌を促進する。
④ グルカゴンは，グリコーゲンの分解を促進する。血糖濃度を下げるはたらきをもつインスリンに対し，グルカゴンは血糖濃度を上げるはたらきをもつ。

87. (1) ① 脳下垂体前葉　② 脳下垂体後葉　③ 甲状腺　④ 副甲状腺　⑤ 副腎皮質　⑥ 副腎髄質　⑦ すい臓(のランゲルハンス島)
(2) (a) カ，1　(b) ケ，2　(c) エ，7　(d) ア，4　(e) ク，5　(f) イ，3
(3) (a) 間脳の視床下部　(b) 神経分泌細胞

解説
(1) 副甲状腺(④)は，甲状腺(③)の後ろ側にある。
(3) 間脳の視床下部は，脳下垂体前葉の分泌活動を促進する放出ホルモンや抑制する放出抑制ホルモンを分泌するとともに，バソプレシンを合成して後葉で分泌する。

88. (1) 標的細胞　(2) チロキシン
(3) (B) 甲状腺刺激ホルモン　(C) (甲状腺刺激ホルモン)放出ホルモン
(X) 視床下部　(4) (負の)フィードバック

解説 (1) ホルモンは特定の細胞に特異的に作用する。この細胞を標的細胞といい，標的細胞は，そのホルモンを受け取る受容体をもっている。

(2) 甲状腺から分泌され，代謝を促進するホルモンは，チロキシンである。

(3) チロキシンの分泌は，脳下垂体前葉から分泌される甲状腺刺激ホルモン((B))によって促進される。この甲状腺刺激ホルモンの分泌は，間脳の視床下部((X))から分泌される甲状腺刺激ホルモン放出ホルモン((C))によって促進される。

(4) チロキシンを含む多くのホルモンは，負のフィードバックによって，分泌量が一定の範囲で維持されるように調節されている。

89.

(1) ① **a** ② **a** ③ **b** ④ **b** (2) フィードバック

解説 (1) チロキシンの血液中の濃度が低下すると，間脳の視床下部から甲状腺刺激ホルモン放出ホルモンの分泌が促進され，脳下垂体前葉からの甲状腺刺激ホルモンの分泌が促進される。甲状腺刺激ホルモンは甲状腺からのチロキシンの分泌を促進するため，血液中のチロキシン濃度が増加する。

チロキシンの血液中の濃度が上昇すると，甲状腺刺激ホルモン放出ホルモンの分泌は抑制され，甲状腺刺激ホルモンの分泌も抑制される。そのため，血液中のチロキシン濃度は減少する。

(2) 最終産物や最終的なはたらきの効果が前の段階にもどって作用を及ぼすことをフィードバックという。また，最終的なはたらきの効果が逆になるように前の段階にはたらきかける場合を負のフィードバックという。チロキシンだけでなく，多くのホルモンは負のフィードバックによって分泌量が一定の範囲内になるように調節されている。

90.

① 体液 ② 体内環境 ③ 血液 ④ リンパ液 ⑤ 組織液 ⑥ 恒常性

解説 ヒトの体液は，血液，組織液，リンパ液に分けられる。体液は循環系によって体内をめぐっており，酸素や栄養分，内分泌系から分泌されたホルモンなどを全身の細胞に運んでいる。

91.

① 血しょう ② 赤血球 ③ 白血球 ④ 血小板 ⑤ 凝固

解説 血液の有形成分には，赤血球，白血球，血小板がある。赤血球は酸素の運搬に，白血球は免疫に，血小板は血液凝固にそれぞれ関係する。

92.

(1) 赤血球 (2) 血しょう (3) 白血球 (4) 血小板

解説 (1) ヘモグロビンを含む血液の有形成分は，赤血球である。ヘモグロビンは，酸素濃度が高く二酸化炭素濃度が低いところ(肺胞)で酸素と結合し，酸素濃度が低く二酸化炭素濃度が高いところ(各組織など)で酸素を解離する。

(3) 免疫にはたらく血液の有形成分は，白血球である。血液の有形成分の数は，多い順に赤血球＞血小板＞白血球となる。

⑷ 血液凝固にはたらく血液の有形成分は，血小板である。有形成分の平均の大きさは，大きい順に白血球＞赤血球＞血小板となる。

93.

⑴ 恒常性（ホメオスタシス）
⑵ ① 組織液　② 血小板　③ 赤血球　④ 白血球　⑤ 血しょう
⑶ Ⓐ ア　Ⓑ イ　⑷ ウ

解説 ⑵ ① ヒトなどの多くの脊椎動物の体液は，血液，リンパ液，組織液に大別される。
②～④ ヒトの血液の有形成分は血小板，赤血球，白血球である。血小板は，巨核細胞の細胞質がちぎれたもので，核をもたない。その数は 20 万～ 40 万 /mm^3 である。赤血球は，成熟する過程で核を捨てるため核をもたない。その数は男性で 410 万～ 530 万 /mm^3，女性で 380 万～ 480 万 /mm^3 である。白血球は核をもち，好中球やマクロファージ，樹状細胞，リンパ球などがある。その数は 4000 ～ 9000/mm^3 である。
⑶，⑷ 血小板は血液凝固にかかわっており，血管の損傷した部位に集合する。赤血球はヘモグロビンを含み，酸素の運搬にはたらく。血液の液体成分である血しょうは，消化管で吸収された栄養分や組織から出た老廃物を溶かしこみ，運搬する。

94.

⑴ ① インスリン　② グリコーゲン　③ アドレナリン　④ グルカゴン
⑵ ウ　⑶ 副交感神経　⑷ 糖質コルチコイド　⑸ 間脳の視床下部

解説 ⑴～⑶ 健康な人の通常時の血糖濃度は，およそ 100 mg/100 mL で，質量パーセント濃度では約 0.1 % である。食後，血糖濃度が上昇すると，間脳の視床下部にある中枢が感知して，副交感神経を通じてすい臓のランゲルハンス島の B 細胞からインスリンが分泌される。逆に，血糖濃度が低下すると，交感神経を通じて副腎髄質からアドレナリンが分泌される。また，すい臓のランゲルハンス島の A 細胞からはグルカゴンが分泌される。
⑷ 副腎皮質から分泌される糖質コルチコイドは，タンパク質の糖化を促進して血糖濃度を上昇させる。

95.

⑴ ㋐ 副腎　㋑ すい臓　㋒ 肝臓
⑵ ㋓ 1　㋔ 2　㋕ 7　㋖ 3　㋗ 4　㋘ 6　㋙ 5　⑶ 1

解説 ⑴，⑵ 血糖濃度を上げる場合は交感神経がはたらく。血糖濃度を増加させるホルモンはグルカゴン，アドレナリン，糖質コルチコイドである。血糖濃度を下げる場合は副交感神経がはたらき，分泌されるホルモンはインスリンのみである。
⑶ ① 健康な人でも，食後 1 時間程度で血糖濃度はやや上昇し，その後インスリンの分泌とともに通常の濃度にもどるので，血糖濃度は常に一定とはいえない。

96.

⑴ ホルモン **X**…インスリン　ホルモン **Y**…グルカゴン
⑵ ホルモン **X**…イ　ホルモン **Y**…ア　⑶ ホルモン **X**

解説 (1) すい臓から分泌されるホルモンはインスリンとグルカゴンの2種類である。ホルモンXは食事をすると 血糖濃度が上昇するとともに血液中の濃度が上昇している。その後，血糖濃度が低下するとホルモンXの濃度も低下し，ほぼ食事前の数値に戻っている。このことから，ホルモンXはインスリンである。
逆に，ホルモンYは食事によって血糖濃度が上昇すると，血液中の濃度が低下している。このことから，ホルモンYはグルカゴンである。
(2) すい臓のランゲルハンス島のA細胞からはグルカゴンが分泌され，B細胞からはインスリンが分泌される。
(3) インスリンには血糖濃度を下げるはたらきがある。食事によって血糖濃度が上昇すると，インスリンが分泌され，血糖濃度を下げる。また，グルカゴンは血糖濃度を上げるはたらきがある。

97. (1) **B** (2) **2**

解説 (1) Aのグラフは，食事によって血糖濃度が上昇してもインスリンの濃度が上昇していないことから，Ⅰ型糖尿病患者のグラフであるとわかる。Bのグラフは，食事によって血糖濃度が上昇するとインスリンの濃度も上昇していることから，健康な人のグラフであるとわかる。
(2) Ⅰ型糖尿病患者のAのグラフは，食事によって血糖濃度が増加してもインスリンの濃度が上昇していないことから，体内でインスリンが十分に分泌されていないと考えられる。

98. (1) (a) **糸球体** (b) **ろ過** (c) **原尿** (d) **グルコース** (e) **再吸収** (2) **イ**

解説 (1) 血液は糸球体でろ過されて原尿となり，原尿に含まれるグルコースは全て細尿管から血液中に再吸収される。
(2) 原尿は，細尿管，集合管で必要な物質が再吸収される。

99. (1) (ア) **脳下垂体前葉** (イ) **甲状腺** (ウ) **副腎**
(a) **甲状腺刺激ホルモン** (b) **副腎皮質刺激ホルモン** (c) **チロキシン**
(d) **糖質コルチコイド** (e) **アドレナリン**
(2) **フィードバック**

解説 寒冷刺激を皮膚で受容すると，感覚神経を経て間脳の視床下部の体温調節中枢に伝わる。すると，交感神経を介して皮膚や心臓，副腎髄質に興奮が伝わる。さらに，脳下垂体前葉から甲状腺刺激ホルモン((a))，副腎皮質刺激ホルモン((b))が分泌される。

100. (1) (a) **後葉** (b) **バソプレシン** (c) **抑制** (2) **1**
(3) **水分量…増加する，体液濃度…低下する**

解説 体液濃度(体液の塩分濃度)が高くなると，脳下垂体後葉からバソプレシンが分泌され，腎臓の集合管にはたらいて集合管から毛細血管への水の再吸収を促進し，血液中の水分量を増やす。血液中の水分量が増えると，体液濃度は低下する。

一方，水を多量に飲むなどして体液濃度が低下すると，バソプレシンの分泌は抑えられる。

101. ⑴ 血小板　⑵ 血ぺい　⑶ 血清　⑷ フィブリン　⑸ 線溶(フィブリン溶解)

解説 ⑶ 血しょうと血清を混同しないように注意する。血しょうは血液のうちの有形成分を除いた液体部分を指し，血液凝固後の上澄みである血清とは区別する。

102. ⑴ ⒜ 赤血球　⒝ 血小板　⒞ フィブリン　⒟ 血ぺい　⑵ 血液凝固　⑶ イ

解説 ⑴，⑵ 血管の破損した部位をおおっている⒟は血ぺいであり，これは血小板(⒝)のかたまりに，フィブリン(⒞)が集まった繊維が生成され，これに赤血球(⒜)などの血球がからめとられてできる。血ぺいができる一連の過程を血液凝固という。
⑶ ㋐ 血液を試験管に入れて静置すると，血清と血ぺいに分離する。
㋒ 血液は，血液凝固と線溶という相反するしくみによって，正常に循環している。

103. ⑴ ① 免疫　② 適応免疫(獲得免疫)　③ 自然免疫
⑵ ㋐ 物理的防御　㋑ 化学的防御　㋒ 化学的防御
⑶ 好中球，マクロファージ，樹状細胞

解説 ⑵ 皮膚の角質層や粘膜表面の粘液などは，異物が侵入できないように防いでおり，このようなものを物理的防御という。一方，分泌物などの化学的性質によって病原体の繁殖を抑えたり，殺菌作用を得たりするものを，化学的防御という。
⑶ 食作用を行う細胞を食細胞といい，最も数の多い好中球，大形のマクロファージ，適応免疫の開始にかかわる樹状細胞がある。

104. ⑴ ⒜ 胸腺　⒝ リンパ節　⒞ 骨髄　⑵ ⒜ ア　⒝ ウ　⒞ イ

解説 ⒜は胸腺で胸骨の後ろ側にあり，T 細胞を分化・成熟させる。⒝はリンパ節でリンパ管の途中に複数見られ，中では食作用で抗原を取りこんだ樹状細胞などがリンパ球に抗原提示を行っている。⒞は問題文に「骨の内部を満たす組織」とあるので，骨髄だとわかる。骨髄では白血球の増殖や分化，リンパ球の生成が行われている。赤血球や血小板なども骨髄でつくられている。

105. ⑴ ㋐ 好中球　㋑ マクロファージ　⑵ ① 食作用　② 食細胞　③ 炎症
⑶ ナチュラルキラー細胞(NK 細胞)

解説 ⑴，⑵ 異物を細胞内に取りこみ，分解するはたらきを食作用といい，食作用をもつ細胞を食細胞という。病原体などの異物が体内に侵入すると，好中球などの食細胞が毛細血管の壁を通り抜け，異物が侵入した組織に移動し，食作用を行う。さらに異物が侵入した部位は，マクロファージのはたらきなどによって血管壁が拡張したり，血流量が増えたりすることで，その部位の皮膚は熱をもって赤く腫れることがある。これを炎症という。

(3) ナチュラルキラー細胞(NK細胞)は，がん細胞や病原体に感染した細胞を直接攻撃し，排除する。

106. (1) **T細胞，B細胞**　(2) **免疫寛容**　(3) **1**

解説 (3) さまざまな異物に対応したリンパ球がつくられる過程では，自分自身の成分に反応するリンパ球もつくられる。体内では，そうしたリンパ球をあらかじめ排除することで，免疫寛容の状態をつくり出している。

107. (1) ① **樹状細胞**　② **キラーT細胞**　③ **ヘルパーT細胞**　④ **B細胞**
⑤ **形質細胞**　⑥ **抗体**
(2) (a) **抗原提示**　(b) **抗原抗体反応**

解説 (1) キラーT細胞は病原体に感染した細胞を直接攻撃し，ヘルパーT細胞はマクロファージやB細胞を活性化させる。どちらのT細胞も，樹状細胞からの抗原提示によって活性化する。

108. (1) (a) **2**　(b) **6**　(c) **7**　(d) **5**　(e) **1**　(f) **3**　(g) **4**
(2) ア **抗原提示**　イ **抗原抗体反応**　(3) **細胞性免疫**　(4) **体液性免疫**

解説 (1) (b)は(a)によって活性化・増殖し，感染細胞を攻撃しているため，(a)は樹状細胞，(b)はキラーT細胞である。(c)も樹状細胞によって活性化・増殖しているため，(c)はヘルパーT細胞である。ヘルパーT細胞によって活性化するのはマクロファージとB細胞で，B細胞は活性化すると分化して抗体を放出することから，(e)がB細胞，(d)がマクロファージであるとわかる。また，B細胞が活性化して分化した(f)が形質細胞である。適応免疫で増殖したT細胞とB細胞はともに，一部が記憶細胞として保存されるため，T細胞とB細胞に共通している(g)が記憶細胞である。
(2) アは樹状細胞が食作用で分解した抗原の一部を表面に示しているので抗原提示，イは抗体が抗原と結合しているので抗原抗体反応である。

109. (ア) **リンパ球**　(イ) **好中球**　(ウ) **マクロファージ**　(エ) **樹状細胞**

解説 リンパ球にはT細胞，B細胞，NK細胞といった細胞がある。好中球は食作用を行い，核はいくつかにくびれた形または棒状の形をしている。樹状細胞とマクロファージは抗原提示を行う。マクロファージはキラーT細胞に攻撃されて死んだ感染細胞や，抗体が結合して無毒化された異物を食作用によって処理する。樹状細胞は周囲に突起が見られる。

110. (1) ① **記憶細胞**　② **免疫記憶**　③ **一次応答**　④ **二次応答**　(2) ① **ア**　② **イ**

解説 (2) ① 物質Aが再び注射されるため，マウスの体内では二次応答が起こる。ここでは，

1 回目の注射(一次応答)のグラフよりも反応が大きく立ち上がりの早い(ア)を選べばよい。

② 物質 B は初めて注射されるため，マウスの体内では一次応答が起こる。ここでは，1 回目の注射のグラフと同じ反応の大きさと立ち上がりの早さを表す(イ)を選べばよい。

111.

(1) キラーT細胞　(2) ウ

解説

(1) マウス B の皮膚はマウス A の体内で異物として認識されてしまったため，細胞性免疫ではたらくキラー T 細胞がマウス B の皮膚の細胞を攻撃して脱落した。このような現象を拒絶反応という。

(2) 1 回目の移植でマウス B の皮膚の細胞の攻撃にかかわった T 細胞の一部は，記憶細胞となり体内に残る。そのため，2 回目の移植では速やかで強い免疫反応である二次応答が起こる。よって，2 回目は 1 回目よりも早くマウス B の皮膚が脱落する。

112.

(1) ① アレルギー　② アレルゲン　③ 自己免疫疾患　(2) ア，ウ

(3) (ア) ○　(イ) ×　(ウ) ×　(エ) ○

解説

(1) アレルギーは, 免疫が過剰にはたらき, からだに不都合な症状が現れることである。アレルギーの原因となる物質をアレルゲンという。自己免疫疾患では自己の正常な細胞に対しても免疫反応が起こる。

(2) 自己免疫疾患ではⅠ型糖尿病と関節リウマチが知られている。また，鎌状赤血球貧血症は遺伝子の 1 塩基の違いで起こる病気である。

(3) (イ) エイズの原因となる HIV(ヒト免疫不全ウイルス)は，ウイルスである。

(ウ) エイズにかかると，免疫機能が極端に低下する。

113.

(1) ア，エ　(2) ワクチン

解説

(1) (イ) 予防接種は，弱毒化した病原体やその産物を接種して抗体をつくる能力を人工的に高めて免疫記憶を獲得させる方法である。

(ウ) 免疫記憶を獲得する病原体が違うため，インフルエンザの予防接種を行ってもはしかの予防にはならない。

(オ) 破傷風やヘビ毒の治療には，血清療法が用いられる。

114.

(1) ホルモンⒶ…(甲状腺刺激ホルモン)放出ホルモン
ホルモンⒷ…甲状腺刺激ホルモン

(2) ① (間脳の)視床下部　② 脳下垂体(前葉)　③ 甲状腺　(3) c　(4) a

解説

(1) 甲状腺刺激ホルモン放出ホルモンにより，甲状腺刺激ホルモンが分泌されることでチロキシンの分泌が促進される。

(3) 脳下垂体(前葉)のはたらきが低下すると，甲状腺刺激ホルモンの分泌量が低下す

るため，甲状腺からのチロキシンの分泌量は健康な人と比べて減少する。

(4) 甲状腺のはたらきが低下すると，チロキシンの分泌量は減少する。すると，負のフィードバックによって，間脳の視床下部のホルモンの分泌が抑制されなくなるため，血液中の甲状腺刺激ホルモン放出ホルモン(ホルモン(A))の濃度は健康な人と比べて増加する。

115. (1) 標的 (2) 肝臓 (3) **a** (4) ① **A** ② **B**

解説

(1) ホルモンは特定の細胞に特異的に作用する。ホルモンの作用を受ける細胞を，一般に標的細胞という。

(3) グラフCでは，血糖濃度は食後すみやかに増加するが，ただちにインスリン濃度も増加しており，食後3時間でもとの血糖濃度にもどっている。健康な人では，血糖濃度はおよそ100 mg/100 mL に維持されており，これは健康な人のグラフである。

(4) グラフA，Bでは，食後3時間を過ぎても血糖濃度がもとにもどらないため，糖尿病患者のグラフとわかる。下線部①の糖尿病では，インスリンを分泌することができず，インスリン濃度が上昇しないので，グラフAである。下線部②の糖尿病では，インスリンの分泌自体は起こるので，インスリン濃度が上昇するグラフBである。

116. (1) 免疫寛容 (2) イ

解説

(1) 自分自身に対して免疫反応が起こらない状態を免疫寛容という。

(2) ②の処理では，(a)のマウスの皮膚は(b)のマウスの体内で異物として認識されたため，適応免疫ではたらくキラーT細胞がマウスBの皮膚の細胞を攻撃して脱落した。③の処理では，1回目の移植で(a)のマウスの皮膚の細胞の攻撃にかかわったT細胞が記憶細胞として残っているため，二次応答が起こり移植片が②のときよりも早く脱落した。

117. (1) ① 適応免疫(獲得免疫) ② 体液性免疫 ③ 細胞性免疫 ④ 抗体 ⑤ エイズ(**AIDS**，後天性免疫不全症候群)
(2) 胸腺 (3) 抗原抗体反応 (4) 日和見感染

解説

(2) T細胞が分化・成熟する場所は胸腺，B細胞が分化する場所は骨髄である。

(4) 免疫力の低下によって，健康な人では通常は発病しない病原性の低い病原体に感染・発病してしまうことを日和見感染という。エイズ以外に，疲労やストレスなどによって免疫力が低下した場合でも，日和見感染が起こることがある。

第4章 生物の多様性と生態系

118. ① 植生 ② 森林 ③ 草原 ④ 荒原 ⑤, ⑥ 年降水量，年平均気温(順不同)

解説 植生に影響を与える環境要因には，光・水・土壌・風・温度などがある。光が十分に当たるところで最も強く影響するのは，水(年降水量)と温度(年平均気温)である。

119. ① 林冠 ② 林床 ③ 階層 ④ 高木 ⑤ 亜高木 ⑥ 低木
⑦ 草本 ⑧ 少なく ⑨ 陰生

解説 森林は多くの樹木からなり，その最上部を林冠，地表付近を林床という。林冠から林床までの間には階層構造が見られ，高さによって光の到達する量が異なっている。それぞれの層では，その高さの光の量に適応した植物が生育している。
また，日なたを好んで生育する植物を陽生植物，光の弱いところでも生育できる植物を陰生植物という。

120. (1) (A) オ (B) イ (2) (a) 高木層 (b) 亜高木層 (c) 低木層 (d) 草本層
(3) 1

解説 (3) 林冠での相対照度は100であるが，高木層((a))で多くの光が吸収されるため，高木層から下の層では急激に相対照度が低下する。高木層から亜高木層((b))にかけて，最も相対照度が低下しているグラフは①である。

121. (1) ① 遷移 ② 一次遷移 ③ 二次遷移 ④ 速い (2) 草本→陽樹→陰樹

解説 (1) 土壌が形成されていない裸地や湖沼から始まる遷移を一次遷移，土壌のある山火事跡や伐採跡地などから始まる遷移を二次遷移という。一次遷移と二次遷移では，二次遷移のほうが遷移の進行が速い。
(2) 裸地に最初に侵入する植物を先駆植物(パイオニア植物)といい，先駆植物の多くは草本である。次いで侵入するのは樹木で，多くは陽樹であり，陽樹の後に侵入する樹木の多くは陰樹である。

122. (1) ① 裸地 ② 土壌 ③ 草原 ④ 低木 ⑤ 陽樹 ⑥ 陰樹 ⑦ 極相
(2) 二次遷移

解説 (1) 裸地から始まる遷移を一次遷移といい，これに対して，土壌のある山火事跡や伐採跡地などから始まる遷移を二次遷移という。
(2) 裸地には保水力がなく，土壌が形成されていないため栄養塩類なども少ない。そのため，一次遷移が進むには先駆植物(パイオニア植物)が侵入して土壌が形成される必要があり，かなりの年月を要する。一方，二次遷移の場合は土壌が存在するほか，地下茎や種子なども残っているため，遷移の進行にかかる年月が一次遷移の場合に比べて短い。

123. (1) ア→エ→イ→オ→ウ　(2) 先駆植物(パイオニア植物)　(3) a, b
(4) 先駆樹種…2, 4　極相樹種…1, 3

解説 (2), (3) 先駆植物(パイオニア植物)には，イタドリやススキなどがある。地域や場所によって地衣類やコケ植物が最初に侵入することもある。
(4) 先駆樹種は，遷移の初期に現れる樹種で，強い光のもとでの成長が速いという特徴をもつ。ただし，弱い光のもとでは幼木が生育できない。一方，極相樹種は，遷移の後期に現れる樹種で，幼木は弱い光のもとで生育でき(耐陰性が高く)，成木になると強い光のもとでよく成長するという特徴をもつ。

124. ① f　② a　③ b　④ c　⑤ g　⑥ d

解説 先駆植物(パイオニア植物)は，ススキのように風によって遠くまで運ばれる種子をもつものが多い。また，先駆植物は発達した根をもち，やせた土地からでも水分や栄養分を得ることができる。これらの植物の枯死体などから供給された有機物が菌類・細菌をはじめとする土壌微生物によって分解され，栄養塩類に富む土壌が形成される。
土壌が形成されると，樹木が生育できるようになる。すると，地面に到達する光の量が減少し，林内の湿度が高く保たれ，1日の温度の変化も少なくなる。

125. (1) 1, 3, 4, 5, 6, 8　(2) 光(光の強さ)　(3) 速い　(4) 陰樹

解説 (1) 遷移が進むにしたがい，土壌は発達して腐植質が増すとともに，森林が成長するため，林床に届く光は弱くなり，林床は暗く湿潤となる。また，森林が発達すると，林冠から林床に向かうにつれて到達する光の量が少なくなっていくため，その高さの光の量に適した植物が生育することで，階層構造が発達する。林床は暗いので芽ばえの成長に必要な栄養分を蓄えた重力散布型の種子を形成する植物が見られるようになる。
(3) 遷移の初期に現れる陽樹は日なたでの成長速度が速いが，一般的に寿命は短い。
(4) 暗い林床でも，陰樹の芽ばえは生育することができる。

126. (1) (ア) 極相林　(イ) ギャップ　(2) 陽樹…A　陰樹…B　(3) B　(4) A

解説 (1) 極相林であっても，極相樹種のみが存在するわけではない。実際の極相林では，ギャップがさまざまな場所や規模で生じて，多様な樹種が生育している。
(2) 陽樹のグラフは，光補償点(呼吸による二酸化炭素放出速度と光合成による二酸化炭素吸収速度がつりあって，見かけ上，二酸化炭素吸収速度が0になる光の強さ)が大きく，光飽和点(それ以上光を強くしても二酸化炭素吸収速度が上がらなくなる光の強さ)も大きい，(A)である。
(3) 光の強さが0のときの二酸化炭素吸収速度(負の値)が，呼吸による二酸化炭素の放出を表している。
(4) グラフの縦軸の値は見かけの光合成速度とよばれ，光合成による二酸化炭素吸収速度から呼吸による二酸化炭素放出速度を差し引いた値である。これが植物の成長に用いられるので，光の強さが15以上の部分で，見かけの光合成速度が大きい

(A)のほうが，成長速度が大きい。

127. (1) (ア) f (イ) a (ウ) d (エ) e (オ) b (カ) h (キ) g (ク) c
(2) ① ウ ② エ ③ キ

解説 (1) (ア)は年平均気温が氷点下で，年降水量も少ないツンドラである。年降水量が十分にある場合は，年平均気温が高くなるにつれ，バイオームは針葉樹林((イ))，夏緑樹林((ウ))，照葉樹林((オ))，亜熱帯多雨林，熱帯多雨林へと変化する。また，夏に乾燥し，冬に雨の多い地域には硬葉樹林((エ))が分布する。一方，年平均気温が約20℃以上と高い場合は，年降水量が少なくなるにつれ，熱帯多雨林から雨緑樹林((キ))，サバンナ((ク))，砂漠へと変化する。サバンナより年平均気温が低い地域にはステップ((カ))が分布する。

(2) グラフ中の年平均気温と年降水量の数値だけでなく，月降水量のグラフも確認して判断する。

① 年平均気温と年降水量の値より，分布するのは(ウ)の夏緑樹林か(エ)の硬葉樹林のどちらかである。月降水量のグラフより，年間を通してある程度の降水量があることがわかる。このような地域には，(ウ)の夏緑樹林が分布する。

② 年平均気温と年降水量の値を図1に対応させると，(エ)の硬葉樹林の境界線か(カ)のステップあたりになる。さらに，月降水量のグラフより，冬と比べて夏に降水量が少ないことがわかる。このような地域には，(エ)の硬葉樹林が分布する。

③ 年平均気温と年降水量の値より，分布するのは(キ)の雨緑樹林であるとわかる。雨緑樹林は，雨季と乾季がはっきりしている地域に分布する。

128. (1) (A) 熱帯多雨林 (B) 亜熱帯多雨林 (C) 雨緑樹林 (D) サバンナ (E) 照葉樹林 (F) 夏緑樹林 (G) 針葉樹林 (H) ツンドラ (I) 硬葉樹林 (J) ステップ (K) 砂漠
(2) (A) イ (B) ア (C) ウ (D) サ (E) オ (F) キ (G) カ (H) ク (I) エ (J) コ (K) ケ

解説 (1) 問題の図は，左側が気温の高い地域を示すグラフとなっていることに注意する。
(2) サバンナでは，イネ科の草本に加えて，アカシアなどの低木がまばらに存在する。

129. (1) 年平均気温 (2) (A) 亜熱帯多雨林 (B) 照葉樹林 (C) 夏緑樹林 (D) 針葉樹林
(3) (A) 3 (B) 1 (C) 2 (D) 4 (4) (A) 4 (B) 1 (C) 3 (D) 2 (5) 水平分布

解説 (1), (5) 日本付近では，森林が成立するのに十分な降水量があるので，バイオームの分布は，おもに年平均気温による。緯度に応じたこのような分布を水平分布という。

130. (1) 1 (2) (A) 4 (B) 2 (C) 1 (D) 3 (3) (A) 4 (B) 3 (C) 1 (D) 2
(4) (A) 2, 8 (B) 4, 7 (C) 3, 6 (D) 1, 5 (5) a (6) 垂直分布

解説 (1), (6) 標高が100 m高くなるごとに約0.5～0.6℃気温が低下するため，中部山岳地方ではバイオームの垂直方向の分布が顕著に見られる。これを垂直分布という。

(5) 森林限界はおよそ 2500 m 付近で，これより上は積雪量が多く，積雪期間も長い。また，風も強く，さらに岩盤がむき出しになっているところが多く，土壌が発達していないため，高木の生育は困難になる。

131. (1) (ア) 照葉樹林 (イ) 夏緑樹林 (ウ) 針葉樹林
(2) (ア) **D** (イ) **C** (ウ) **A** (3) 水平分布 (4) 垂直分布

解説 (1) 日本列島は南北に長く，高緯度から順に亜寒帯の針葉樹林，冷温帯の夏緑樹林，暖温帯の照葉樹林，さらに亜熱帯の亜熱帯多雨林の 4 つのバイオームが分布している。
(2) (B)のガジュマル，ソテツ，オヒルギは，亜熱帯多雨林を代表する植物である。

132. ① 生態系 ② 作用 ③ 環境形成作用

解説 生物と非生物的環境は互いに影響を及ぼしあっている。非生物的環境が生物に影響を及ぼすことを作用，生物が非生物的環境に影響を及ぼすことを環境形成作用という。

133. ① 生産者 ② 消費者 ③ 一次消費者 ④ 二次消費者 ⑤ 分解者

解説 生物は生産者と消費者に分けられる。消費者のうち，枯死体・遺体・排出物に含まれる有機物を無機物に分解する過程にかかわるものを特に分解者という。

134. (1) (ア) 生産者 (イ) 消費者 (ウ) 分解者 (2) (A) 作用 (B) 環境形成作用

解説 (1) 消費者は，生産者(植物)を食べる一次消費者(植物食性動物)，一次消費者を食べる二次消費者(動物食性動物)などに分けられる。分解者は，枯死体や遺体・排出物を無機物に分解する過程にかかわる生物で，菌類(カビのなかま)や細菌などがある。

135. (1) (a) 生産者 (b) 消費者 (2) (A) **7** (B) **8** (C) **9** (D) **4** (E) **3** (F) **6** (G) **2**

解説 (2) (D), (E), (F)は，落葉・落枝を出発点とする地表付近に生息する消費者群であることがわかる。したがって，一次消費者である(F)がミミズ，高次消費者である(D)がモグラ，(E)がムカデと考えられる。
栄養段階が最も高い(A)はイヌワシである。バッタを食べる(B)と(C)は，カマキリおよびカエルと考えられる。さらに，(B)は(F)(ミミズ)や(C)も食べることから，カエルと判断できる。
選択肢の中にあるウサギ，リスはいずれも一次消費者(植物食性動物)で，図中のバッタの位置に相当するため，解答には含まれない。

136. (1) **C → B → A** (2) 食物連鎖 (3) 食物網

解説　イネ→イナゴ→トノサマガエルのような直線的な関係を食物連鎖という。しかし，イナゴはススキも食べ，クモやモズにも食べられる，トノサマガエルはクモも食べ，モズに食べられるというように，実際の生態系では複雑な網状の関係になっており，このような関係全体を食物網という。

137.　(1) ① 栄養段階　② 個体数ピラミッド　③ 生物量ピラミッド　④ 生態ピラミッド
(2) (A) ア　(B) イ　(3) (a) ウ　(b) ア　(c) イ

解説　生態ピラミッドには，個体数で示した個体数ピラミッド，生物量で示した生物量ピラミッドなどがある。一般に，栄養段階が下位のものから上位のものになるほど，からだは大形になり，個体数や生物量は少なくなる。

138.　(1) ① $G_0+P_0+D_0+R_0$　② $G_0+P_0+D_0$
③ $G_1+P_1+D_1+R_1$　または　P_0-F_1　(2) 栄養段階

解説　(1) ① 生産者における総生産量は，最初の現存量を除くすべてである。
② 生産者における総生産量と純生産量の違いは，呼吸量を含めるか含めないかで，純生産量＝総生産量－呼吸量　の式が成り立つ。
③ 一次消費者における同化量は，摂食量から不消化排出量(F_1)を引いた値である。一次消費者の摂食量は，$G_1+P_1+D_1+R_1+F_1$で表され，その値は生産者にとっての被食量(P_0)に一致する。

139.　(1) ① フジツボ　② 藻類　③ ヒザラガイ　(2) 捕食　(3) 間接効果

解説　(1) 問題の図から，ヒトデが捕食する個体数の割合が最も多いのはフジツボ，次に多いのはイガイであることがわかる。したがって，ヒトデが除去されたときには，まずこの2種が大きく影響を受けると考えられる。
藻類だけでなく，フジツボ，イガイ，カメノテも岩場に固着して生活する生物であるが，問題文に「②も激減し，それによって③やカサガイも姿を消した」とあるので，②が藻類，③が藻類を食べるヒザラガイと判断できる。
(3) イガイは岩場に固着して生活するため，藻類との間に生活場所をめぐる競争が生じる。

140.　(1) ① 増加　② 減少　③ 減少　(2) キーストーン種

解説　(1) ラッコ(ウニの捕食者)が減少すると，被食者であるウニは増加する。ウニ(ケルプの捕食者)が増加すると，被食者であるケルプは減少する。

141.　① c　② b　③ a　④ d

解説　生態系が台風や山火事などによって破壊されることをかく乱という。かく乱の規模が小さいと復元力がはたらいて，もとの生態系にもどる。

142. ⑴ ㋐ **2** ㋑ **1** ⑵ ㋒ **2** ㋓ **1** ⑶ **呼吸** ⑷ **光合成**

解説 有機物を含む汚水が流入すると，それを栄養分とする細菌が増加し，細菌の呼吸によって酸素が消費される。また，細菌によって有機物が分解されると，分解産物であるアンモニウムイオンが増加する。

その後，アンモニウムイオンなどを栄養分として吸収する藻類が増殖し，その結果，光合成による酸素の供給が起こる。

143. ⑴ **A エ B ウ C ア** ⑵ ① **細菌** ② **光合成** ③ **ウ** ⑶ **自然浄化**

解説 ⑴ Aは，汚水そのものが原因で増加した有機物である。Cは，有機物の分解で生じたアンモニウムイオン(NH_4^+)である。Bは，細菌の呼吸で消費され，藻類の光合成で増加した酸素である。

⑵ 水中では，水の透明度が下がると光が届かなくなり，光合成のはたらきは極端に低下する。

藻類も含め一般的な植物は，光合成によって有機物を合成するために二酸化炭素を必要とするが，そのほかに，タンパク質などを合成するためにアンモニウムイオンなどの無機窒素化合物も必要とする。

⑶ 有機物の流入がある程度の量であれば，自然浄化によって水質は保たれる。しかし，自然浄化のはたらきをこえて多くの有機物が流入すると，水質がもとにもどらなくなることもある。

144. ⑴ ① **c** ② **e** ③ **b** ④ **d** ⑤ **a** ⑵ **自然浄化**

解説 ⑴ 湖などで富栄養化が進み，シアノバクテリアなどの植物プランクトンが異常繁殖して，水面が緑色になる現象をアオコ(水の華)という。同様に，海などで富栄養化が進み，水面が赤くなる現象を赤潮という。アオコと赤潮では，繁殖するプランクトンの種類が違うが，これらの異常繁殖によってその生態系のバランスが崩れ，生物の多様性が低下することはどちらも共通である。

145. ⑴ **外来生物** ⑵ **a，b，c** ⑶ **絶滅危惧種** ⑷ **d，f**

解説 ⑵ 日本における外来生物には，アライグマやセイヨウタンポポ，ウシガエルのほか，ブルーギル(魚類)，セイタカアワダチソウ(植物)などがある。

(e)のクズは，日本からアメリカ大陸へ移されて定着したマメ科の植物である。

⑷ 日本の固有種は(d)，(e)，(f)であるが，このうち絶滅の危機に瀕しているものは(d)と(f)である。

146. ⑴ **生物濃縮** ⑵ **動植物プランクトン→小形の魚類→ダツ→コアジサシ**
⑶ **c**

解説 ⑵ 食物連鎖の過程で，DDTが蓄積された生物を食物としてくり返し取りこむことによって，栄養段階の上位の生物ほど，DDTがより高濃度で蓄積される。

⑶ 自然界では分解されにくく，体外に排出されにくい物質は生物濃縮されやすい。動物の脂肪に取りこまれて体内に蓄積し，食物連鎖を通じてより高濃度に蓄積されていく。急性毒性がある物質の場合，その生物が死亡したりするため，食物連鎖を通じて生物濃縮される可能性は低い。

147. ⑴ ① 温室効果 ② 化石燃料 ③ 地球温暖化 ⑵ **a**

解説 ⑵ 地球では北半球に陸地が多いため，北半球が夏を迎える時期には森林など植物の光合成によって二酸化炭素が吸収されて大気中の二酸化炭素濃度が減少する。しかし，北半球が冬になると光合成量が低下し，植物への二酸化炭素の取りこみ量が減少するため，大気中の二酸化炭素濃度が増加する。

148. イ

解説 問題文から，かく乱が大きすぎても小さすぎても生物の多様性が損なわれる(生物の種数が少なくなる)ということを読み取ることができる。したがって，かく乱の規模が中程度のときに種数が多くなって，かく乱の規模が小さいときと大きいときには種数が少なくなるグラフ((イ))を選ぶ。

149. ⑴ (ア) 地衣類 (イ) 先駆(パイオニア) (ウ) 陽樹 (エ) 陰樹
⑵ (a) ブナ，ミズナラ (b) スダジイ，アラカシ ⑶ **c** ⑷ **b**

解説 ⑵ 東北地方は夏緑樹林帯なので，ブナ，ミズナラ，クリ，カエデなどを，中国・四国地方は照葉樹林帯なので，スダジイ，アラカシ，シラカシ，クスノキ，タブノキなどを示せばよい。
⑶ 森林ができると林床が暗くなり，陽樹の芽ばえは生育できなくなる。しかし，陰樹の幼木は耐陰性が高く，暗い林床でも生育できる。そのため，陽樹林から陰樹林へと遷移する。
⑷ 遷移の初期の荒原から草原にかけては，軽くて小さい風散布型の種子が主となって侵入する。草原から低木林にかけては，タヌキなどの小動物のからだに付着して運ばれる動物散布型の種子が主となる。極相林では，暗い林床でも発芽し生育できるようにするため，栄養分を多く蓄えた大形の種子である重力散布型の種子が主となる。

150. ⑴ (A) 水平 (B) 垂直 ⑵ 暖かさの指数…100，バイオーム…照葉樹林 ⑶ ウ
⑷ 夏緑樹林

解説 ⑵ 表より，5℃をこえる月は4月～11月である。4月～11月の各月の平均気温から5℃を引いた値(4月の場合は $10-5=5$)を合計すると，暖かさの指数は次のようになる。

$$5+10+14+21+19+15+10+6=100$$

(3) 日本において亜寒帯の針葉樹林は常緑針葉樹，冷温帯の夏緑樹林は落葉広葉樹，暖温帯の照葉樹林は常緑広葉樹である。

(4) 表に示された地点よりも，標高が　700 m − 100 m = 600 m　上昇するので，各月の平均気温は表の地点よりも 3 ℃低下する。表の各月の平均気温から 3 ℃を引くと，標高 700 m の地点で 5 ℃をこえる月は 4 月～ 11 月であるとわかる。標高 700 m の地点での 4 月～ 11 月の各月の平均気温から 5 ℃を引いた値(4 月の場合は 10 − 3 − 5 = 2)を合計すると，暖かさの指数は次のようになる。

$$2 + 7 + 11 + 18 + 16 + 12 + 7 + 3 = 76$$

151.

(1) **夏緑樹林**　(2) **3**

解説

(1) 日本の東北地方は冷温帯であり，分布するバイオームは夏緑樹林である。

(2) ① 原生林における外来生物の割合は 0 %なので，バランスよく共存しているとはいえない。

② グラフ中の原生林以外は，すべて人の手が加わったものである。そのうち，択伐林では，哺乳類の種数が原生林よりも増加しているので誤り。

③ 森林が破壊された後の初期状態である草地では，外来生物の割合が 100 %となっている。これは，在来種よりも先に外来生物が侵入して生息していることを示していると考えられる。よって，正しい。

④ 初期二次林では，外来生物の割合が約 30 %なので，外来種の生息種数のほうが少ない。よって，誤り。

巻末チャレンジ問題

152.
(1) ② (2) ②

問題の読み方

(1)について，図１では細胞Ａ，Ｂの内部に丸い構造物が１つずつ見られる。丸い構造物が核であることに気づく必要がある。
(2)について，この問題では，プレパラートと対物レンズの間隔は大きくなっていく(離れていく)ことに着目する。

解説

(1) 細胞A，Bの内部に見られる丸い構造物は核である。核は真核生物にしか見られない。また，細胞A，Bの形状は丸く，細胞膜の外側に細胞壁らしき構造が見られないことから動物細胞であることがわかる。よって，この細胞はヒトの口腔上皮細胞である。

(2) 顕微鏡で観察する試料にも厚みがある。顕微鏡で観察したときに，厚みがある試料全体にピントが合うわけではなく，ピントが合う(試料が鮮明に見える)のは，試料の一部分のみである。

試料の中のピントが合う場所は，プレパラートと対物レンズの距離によって移動する。例えば，最初に対物レンズとプレパラートをできるだけ近づけて，対物レンズとプレパラートの距離を離しながらピントを合わせていくときのことを考えてみよう。その場合，「スライドガラス(下)→試料(中)→カバーガラス(上)」のように，プレパラートの下側から順にピントが合う場所が変化していく。問題文に「プレパラートと対物レンズの間隔を少しずつ大きくしたところ，細胞Aは不鮮明になり，細胞Bが鮮明になった。」とあることから，プレパラートと対物レンズの間隔を大きくすると，「細胞A(下)→細胞B(上)」の順にピントが合ったと考えられる。よって，細胞Bが細胞Aの上にあることがわかる。

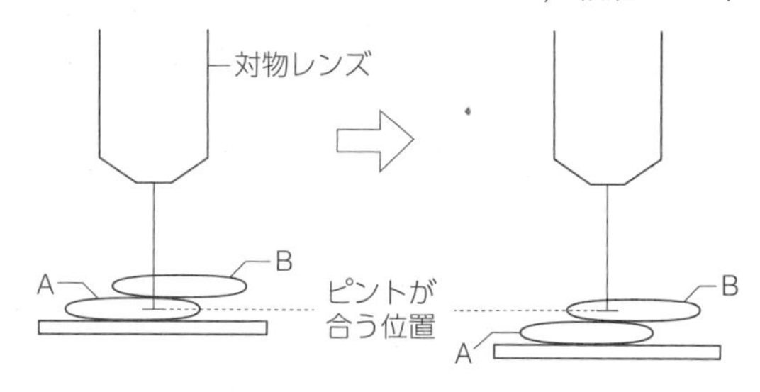

153.
(1) ③ (2) ② (3) ① (4) ①

問題の読み方

(2)，(3)について，［ア］は二酸化炭素について，［イ］は光について調べるために比較する葉が問われている。その場合，調べたい要因以外については，同じ条件にある葉を比較する必要がある。

解説

(1) 代謝は，無機物のような簡単な物質から有機物のような複雑な物質を合成する同化と，有機物のような複雑な物質を無機物のような簡単な物質に分解する異化に大別される。つまり，アカリさんのプリントの左側(独立栄養生物)で，無機物が有機物に変わる反応((b))は<u>同化</u>，有機物が無機物に変わる反応((c))は<u>異化</u>と書かれるのが正しい。さらに，プリントの右側(従属栄養生物)では，複雑な有機物が無機物に変わる反応((f))は<u>異化</u>と書かれるのが正しい。よって，間違った箇所は３個ある。

独立栄養生物とは，植物のように，有機物を合成し，体外から有機物を取りこまずに生活できる生物である。従属栄養生物とは，動物のように，無機物から有機物を合成することができず，ほかの生物がつくった有機物を取りこんで生活する生物である。

(2) 光合成に二酸化炭素が必要であることを確かめるためには，通常の空気中と二酸化炭素を取り除いた空気中の鉢植えの中の，それぞれ光が当たる葉を比較すればよい。つまり，A－1とB－1を比較すればよい。

(3) 光合成に光が必要であることを確かめるためには，通常の空気中(二酸化炭素がある)の鉢植えにおいて，光が当たる葉と当たらない葉を比較すればよい。つまり，A－1とA－2の葉を比較すればよい。

(4) アルコールで脱色してヨウ素液に浸すと，光合成が行われてデンプンが合成されている葉ほど，濃い青紫色に変化する。

光合成には光と二酸化炭素が必要である。よって，通常の空気中(二酸化炭素がある)の鉢植えにおいて，光が当たる葉が最も濃い色の変化が見られることになる。

154.

(1) ②　(2) ⑥

問題の読み方

問題文に「このヌクレオチド(蛍光を発するヌクレオチド)が取りこまれた部分が，蛍光を発するのが観察できる」とあることから，蛍光を発するヌクレオチドが培地にある状態でDNAの複製が起こった細胞のみが，蛍光を検出できる核をもつことになる。

解説

(1) 蛍光を発するヌクレオチドがDNAに取りこまれるのは，DNAの複製が行われるときである。DNAの複製が行われるとDNA量は2倍(相対値1→2)になるため，DNAの複製が起こる時期はグラフの②(S期，DNA合成期)である。

(2) 問題文に「蛍光を発するヌクレオチドを培地に加え，3時間細胞に取りこませた」とあることから，この時間にDNAを複製した細胞が蛍光を発するヌクレオチドを取りこむことになる。また，その後，「蛍光を発するヌクレオチドを含まない培地を新たに加えてさらに10時間培養を続けた」ことで，蛍光を発するヌクレオチドを取りこんだ細胞が分裂期まで進み，染色体が観察できるようになる。つまり，蛍光を検出できる分裂期中期の染色体をもつ細胞とは，蛍光を発するヌクレオチドが培地に存在する間に，DNAの複製が行われた細胞ということである。

分裂期中期に観察される染色体は，2本の染色体が一部でくっついたものである。DNAは半保存的複製という方法で複製され，もとのDNAの2本鎖のそれぞれの鎖を鋳型にして新たなヌクレオチド鎖が合成される。そのため，蛍光を発するヌクレオチドを取りこんでDNAを複製すると，できた2つのDNAはいずれも一方の鎖が蛍光を発するヌクレオチド鎖ということになる。複製された2本のDNAの両方で蛍光が検出されるため，⑥のように分裂期中期の染色体の全体で蛍光が検出されることになる。

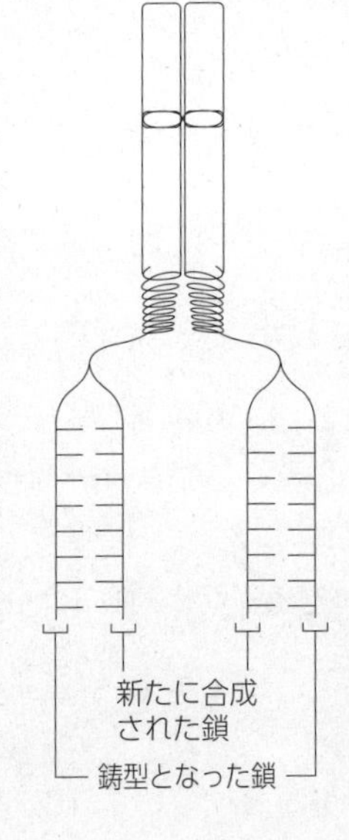

155.

(1) ホルモン A ②　ホルモン B ④　(2) ④　(3) ②

問題の読み方

グラフから，ホルモン A の濃度が下がるとホルモン B の濃度が上がり，ホルモン A の濃度が上がるとホルモン B の濃度が下がることに気づく必要がある。

解説

(1) 問題のグラフでは，甲状腺を除去するとホルモン A の血中濃度は 0 になっている。このことから，ホルモン A は甲状腺から分泌されるチロキシンであることがわかる。ホルモン A の血中濃度が低下すると，ホルモン B の血中濃度が増加している。このことから，ホルモン B は甲状腺からのホルモン A(チロキシン)の分泌を促進する甲状腺刺激ホルモンであると考えられる。

(2) 問題のグラフについて，ホルモン A を一定量注射すると，ホルモン A，B の血中濃度は甲状腺除去前と同程度になっている。(2)では「ホルモン A の注射量を 5 倍に増やした」とあるので，ホルモン A を過剰に投与したということになる。そのため，ホルモン B の血中濃度は，(b)より大幅に低下すると考えられる。

(3) 問題のグラフから，ホルモン A を一定量注射するとホルモン B の血中濃度は甲状腺除去前と同程度まで低下することが示されている。このことから，ホルモン A にはホルモン B の分泌を抑制するはたらきがあるといえる。

156.

(1) ④　(2) ①

問題の読み方

問題文に「注射後 7 日目から増加し始め，17 日目に最大(相対値 1)」とあることから，抗原 X を注射して抗体 X が増加し始めるまでには 7 日かかり，抗体 X の産生量が最大となるまでには 17 日かかること，またそのときの抗体の産生量の最大は相対値 1 であることがわかる。

解説

(1) 抗体 X を注射した個体では抗原 X に対する記憶細胞ができるため，再び抗原 X を注射した場合，素早く大量に抗体を産生する二次応答が起こる。そのため，実験 1 で抗原 X を注射してから 40 日後に再び抗原 X を注射すると，注射後 7 日目である 47 日目よりも早く抗体が増加し始め，注射後 17 日目である 57 日目よりも早く抗体量が最大となるはずである。また，抗体の産生量の最大は相対値 1 よりも高くなるはずである。

(2) 問題文に「抗原 Y を注射し，それに対する抗体 Y の産生量を調べたところ，図 1 と同様に抗体量が変化した」とあることから，抗原 X − 抗体 X と同様に，抗原 Y を注射して抗体 Y が増加し始めるまでには 7 日かかり，抗体 Y の産生量が最大となるまでには 17 日かかること，抗体の産生量の最大が相対値 1 であることがわかる。また，問題文に「抗原 X と抗原 Y は異なる抗原である」とあることから，抗原 X に対する記憶細胞は，抗体 Y の産生に無関係であると考えられる。よって，40 日後に抗原 Y を注射すると，注射後 7 日目である 47 日目に抗体 Y が増加し始め，注射後 17 日目である 57 日目に抗体 Y の量が最大となる。また，抗体 Y の産生量の最大は相対値 1 となる。

157. ⑴ ② ⑵ ③

問題の読み方

⑵について，表1の注意書きに「タナゴ類，モツゴ，タモロコ，ヒガイ，フナ，コイはいずれもコイ科に属する」ことが示されていることに注意する。

解説

⑴ いずれも表1を見て考える。

① オオクチバスは1993年から1995年までは漁獲されていない。そのため，1994年に生息し始めたとはいえない。よって，誤り。

② タナゴ類は1995年から1996年にかけて漁獲量が11000 kgから800 kgと著しく減少(約93 %の減少)していることがわかる。よって，正しい。

③ モツゴ・タモロコ・ヒガイは1995年から1996年にかけて漁獲量が7000 kgから8000 kgと増加している。よって，誤り。

④ タナゴ類は1995年から2000年にかけて漁獲量が11000 kgから0 kgに減少している。それに対して，フナは7700 kgから3500 kg，コイは6200 kgから2300 kgという減少であり，それぞれタナゴ類の減少より著しいとはいえない。よって，誤り。

⑵ ① タナゴ類はコイ科に属する。表2から，体長20 mm以下のオオクチバスは，コイ科仔魚とコイ科稚魚のいずれも捕食していないことがわかる。よって，誤り。

② 表2から，体長30 mm以下のオオクチバスはミジンコを捕食していることがわかる。しかし，オオクチバスの捕食によってミジンコが減少したというデータはないため，表1，2から，オオクチバスによるミジンコの捕食が，モツゴ・タモロコ・ヒガイを減少させたとは言い切れない。よって，誤り。

③ 表2から，オオクチバスの胃の内容物の割合は，体長によって変化していることがわかる。このことは，オオクチバスは成長するにつれて食性を変化させていることを示している。よって，正しい。

④ 表1で示されているオオクチバスが移入してからの漁獲量の変化と，表2で示されているオオクチバスの食性だけで，この地域の漁獲量の減少がオオクチバスの移入によるものであると結論づけることはできない。しかし，この2つが関係している可能性はある。よって，誤り。

⑤ フナはコイ科に属する。表2の体長30 mm～40 mmのオオクチバスの胃の内容物を見ると，コイ科仔魚の割合は0 %であるため，捕食されていないことがわかる。よって，誤り。

28020A

改訂版
リード Light 生物基礎
解答編

ISBN978-4-410-28020-7

〈編著者との協定により検印を廃止します〉

編　者　数研出版編集部
発行者　星野泰也
発行所　**数研出版株式会社**
〒101-0052　東京都千代田区神田小川町2丁目3番地3
〔振替〕00140-4-118431
〒604-0861　京都市中京区烏丸通竹屋町上る大倉町205番地
〔電話〕代表　(075)231-0161
ホームページ　https://www.chart.co.jp
印刷　寿印刷株式会社

乱丁本・落丁本はお取り替えいたします。　231202

解答・解説は数研出版株式会社が作成したものです。